好奇心书系
· 野外识别手册 ·

# 常见昆虫
## 野外识别手册
### （天津卷）

闫春财 曹 威 刘文彬 著

重庆大学出版社

**图书在版编目（CIP）数据**

常见昆虫野外识别手册. 天津卷/闫春财，曹威，刘文彬著. -- 重庆：重庆大学出版社，2024.2
（好奇心书系. 野外识别手册）
ISBN 978-7-5689-4302-4

Ⅰ.①常… Ⅱ.①闫… ②曹… ③刘… Ⅲ.①昆虫－识别－天津－手册 Ⅳ.①Q968.222.1-62

中国国家版本馆CIP数据核字(2023)第242944号

## 常见昆虫野外识别手册
### （天津卷）

闫春财 曹 威 刘文彬 著

策划：鹿角文化工作室

策划编辑：梁 涛

责任编辑：姜 凤 陈 力 版式设计：周 娟 贺 莹
责任校对：关德强 责任印制：赵 晟

\*

重庆大学出版社出版发行
出版人：陈晓阳
社址：重庆市沙坪坝区大学城西路21号
邮编：401331
电话：(023)88617190 88617185
传真：(023)88617186 88617166
网址：http://www.cqup.com.cn
邮箱：fxk@cqup.com.cn（营销中心）
全国新华书店经销
重庆亘鑫印务有限公司印刷

\*

开本：787mm×1092mm 1/32 印张：9.875 字数：294千
2024年2月第1版 2024年2月第1次印刷
ISBN 978-7-5689-4302-4 定价：59.00元

# Preface 序

　　昆虫是动物界中物种多样性最高的类群之一，目前已知的有 110 万种左右。在长期的进化中，昆虫与其他动植物建立了密切联系，它们体型虽小，却影响着人类生活的各个方面，例如，危害栽培植物的农林害虫和传播疾病的卫生昆虫等长期困扰着我们，而家蚕等产丝昆虫、蜂蝶等传粉昆虫以及饵料昆虫、药用昆虫等对人类十分有益。昆虫不仅具有重要的经济、科学、生态等价值，也大大丰富了人们的文化生活。无处不在的昆虫意象丰富了文学家的视域，四大玩之"花鸟鱼虫"也有昆虫一席之地。绚丽多彩的昆虫世界吸引着一代又一代人痴迷于昆虫学的研究与收藏。

　　我国幅员辽阔，昆虫种类众多，但由于历史原因，我国昆虫区系的研究尚有很多工作等待大家去做。近年来，随着我国经济与科技的繁荣，出现了一批全国性昆虫图鉴，各省区市针对自身的昆虫资源也相继出版了多种区域性昆虫图鉴，例如，京津冀地区就有《北京蝶类原色图鉴》《王家园昆虫》《北京甲虫生态图鉴》《北京九龙山常见昆虫图谱》《八仙山森林昆虫》《河北昆虫生态图鉴》等，为大家认识和了解当地的昆虫提供了有力工具。

　　天津位于华北平原海河五大支流汇流处，东临渤海，北依燕山，山地、丘陵、平原和海岸线组成了多种适宜昆虫生存的生境。同时，天津也是我国较早开展自然科普教育的地区之一，当前昆虫爱好者和其他市民对昆虫物种的认知需求越发强烈。遗憾的是，目前缺乏便于在野外快速识别天津地区常见昆虫种类的科普著作，因此，编写一本天津地区常见昆虫野外识别手册就显得尤为必要。

　　闫春财教授等在繁忙的科研任务之外，投入了大量精力将天津常见的昆虫汇集成册，书中包括各种昆虫精美的生态照，展示了其生活史的不同阶段，对部分易混淆物种做了较为详细的对比区分，指出了鉴别特征，可以更为方便地让广大读者"按图索骥"。我相信本书的出版将有助于更多的同道投入昆虫的观察、收藏、研究等领域，促进我国昆虫学事业和科学的发展。

有幸先睹，特此举荐！

彩万志

中国农业大学昆虫学系教授

2022 年 12 月

# Foreword 前言

　　昆虫可以说是日常生活中最为常见的动物类群之一，从城市到森林，从天空到水下，到处都能发现它们的身影，并且与人们的生产生活息息相关。众多的昆虫时常会出现在人们身边，但大众对这些"小精灵"的了解并不多，著者在长期科普过程中，经常有人前来咨询身边的昆虫名称。由于缺乏昆虫相关专业知识，大众和媒体经常把这些"不知名"的小动物冠以"怪名"。要进一步了解昆虫，准确识别就显得尤为重要。

　　天津简称"津"，别称津沽、津门，地处华北地区，位于华北平原海河五大支流汇流处。天津东临渤海，北依燕山，西靠北京，地势以平原和洼地为主，北部有低山丘陵，海拔由北向南逐渐下降，地貌总轮廓为西北高东南低，因此，自然资源较为丰富。近几年，天津十分重视科普工作，推进了全域科普纵深发展，从而提升了全民科学素质。针对天津地区的昆虫资源，相继出版了《八仙山蝴蝶》（李后魂 等，2009）、《八仙山森林昆虫》（李后魂 等，2020）、《天津昆虫生态图鉴》（祖国浩 等，2022）等著作，而便于昆虫爱好者在野外快速识别天津常见种类的便携式科普著作尚待出版。因此，编写一本天津地区常见昆虫野外识别手册就显得尤为必要。

　　本书以图文并茂的形式描述了天津地区常见昆虫106科321种，介绍了各种昆虫的鉴别特征、习性、分布等；以标本照和生态照相结合的方式，展示雌雄、是否性成熟以及部分生活史阶段，特别针对部分昆虫展示了不同的季节型，并对部分易混淆物种做了较为详细的对比区分，指出了其识别特征，力求全面、直观地展现各物种的形态特征，便于读者通过看图即可知晓身边的昆虫。此外，本书记录的昆虫大多为北方城市常见种类，可为北方城市居民识别身边的昆虫提供参考依据，也可作为高校、科研院所兼具学术参考的便携式科普读物，以达到全域科普的目的。

　　本书涉及的昆虫物种众多，分类鉴定离不开昆虫学领域专家学者以及同行的指导。成稿过程中幸得彩万志教授、杨定教授、石福明教授、王新华教授、卜文俊教授、薛怀君教授、张巍巍先生、张浩淼博士、黄建华博士、刘浩宇博士等多位昆虫学专家和虫友在物种鉴定过程中的帮助。本书所涉及的部分野外考察受到国家自然科学基金（No. 31101653, 31672324, 31801994, 32170473）和天津市科学普及项目（No. 16KPHDSF00030, 17KPXMSF00040, 19KPHDRC00110, 21KPHDRC00040, 22KPXMRC00070）的经费支持。

　　鉴于著者学识和能力有限，书中难免存在不足和疏漏之处，恳请各位专家、同行、读者予以批评指正。

著　者

2023 年 6 月于天津

# 目 录 CONTENTS

## insect

# 目 录

入门知识

Introduction

## ·什么是昆虫·

昆虫是节肢动物的其中一类，广义上是指所有的六足动物，包括原尾纲、弹尾纲、双尾纲和昆虫纲；狭义上是指昆虫纲下属的所有物种。其主要特征可以概括为以下几点：

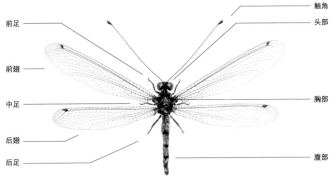

前足　前翅　中足　后翅　后足

触角　头部　胸部　腹部

● 昆虫的基本结构

①身体由若干体节组成，分为头、胸、腹3部分。

②头部为感觉和取食中心，口器一般发达，具有1对触角，通常还有1对复眼或单眼。

③胸部是运动中心，分为3节，称为前胸、中胸和后胸。胸部长有3对足（前足、中足和后足），成虫通常还具有2对翅（前翅和后翅），部分种类的翅退化。

④腹部是生殖与代谢中心，腹部两侧有气门，腹腔内有生殖器和大部分内脏。

⑤无内骨骼，但其整个身体被坚硬的几丁质体壁所包围，称为"外骨骼"。外骨骼不会随昆虫的身体一同长大，因此，在生长过程中会经历蜕皮的过程。

⑥在生长发育的过程中会经历一系列外形和习性上的变化，称为变态发育。

# ·昆虫的变态发育·

　　动物在胚后发育过程中，形态结构和生活习性上会出现一系列显著变化，幼体与成体差别很大，而且改变的形态又是集中在短时间内完成的，这种胚后发育称为变态发育，一般指昆虫与两栖动物的发育方式。昆虫的变态有多种类型，最主要的是完全变态和不完全变态。

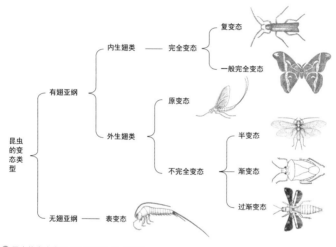

● 昆虫的变态类型（引自彩万志 等，2001）

## 1. 不完全变态

　　一生经历卵期、幼期和成虫期，幼期的样貌与成虫期差别不大，幼期在不断的发育过程中逐渐显现出成虫期的特征。不完全变态可分为半变态、渐变态和过渐变态。

### （1）半变态

　　幼期的形态构造和生活习性与成虫期完全不同，幼期水生，被称为"稚虫"。包含类群：蜻蜓目、襀翅目。

（2）渐变态

幼期的形态构造和生活习性与成虫期相似，幼期被称为"若虫"。包含类群：直翅目、螳螂目、蜚蠊目、革翅目、啮虫目、纺足目、竹节虫目、半翅目（大部分）。

（3）过渐变态

幼期向成虫期发育要经过一个不食又不太活动的类似蛹的时期，称为"拟蛹期"。包含类群：缨翅目、半翅目（粉虱科和雄性的蚧虫）。

2. 完全变态

一生经历卵期、幼虫期、蛹期和成虫期，幼虫与成虫在形态结构和生活习性上明显不同。完全变态可分为一般完全变态和复变态。

（1）一般完全变态

幼虫各龄间形态、生活方式等基本相同。代表类群：鳞翅目、鞘翅目（大部分）。

（2）复变态

在完全变态昆虫中，部分种类的幼虫在各龄间的形态、生活方式等明显不同，比一般完全变态昆虫的变态发育更为复杂。代表类群：芫菁科、捻翅目。

## ·昆虫的采集与标本制作·

### （一）昆虫的采集

1. 采集工具

①捕虫网：用于捕捉飞行的昆虫或进行扫网作业。

②毒瓶：常用的毒药为乙酸乙酯，因其有刺激性气味故不可随意乱放，需有专人看管。

③三角袋：常用硫酸纸折叠制成，用于存放蛾、蝶等翅较大的昆虫。

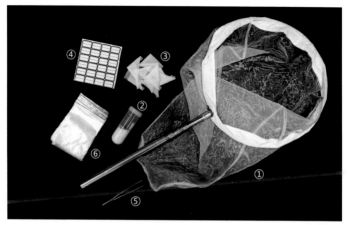

● 常用采集工具：①捕虫网 ②毒瓶 ③三角袋 ④标签纸 ⑤镊子 ⑥自封袋

④毛笔、酒精瓶：常用于采集摇蚊等昆虫。

⑤十字镐、斧子、枝剪：用于采集树干或朽木中的昆虫。

⑥照相机、笔记本、笔、标签纸：用于拍照记录采集到的昆虫。

⑦空的广口瓶、塑料瓶、自封袋、镊子等。

2. 采集方法

采集季节一般为晚春至秋末，采集时间日间多为 8:00—16:00，夜间多为天黑至 23:00，采集气候多为晴朗温暖、夜间闷热无风的天气。采集时需记录采集地点、采集时间和采集人等信息。采集大多采用以下几种方法：

①网捕法：用捕虫网对杂草、灌木进行"8"字形扫动，对飞行的昆虫可直接用捕虫网进行捕捉。

②震落法：有些昆虫受惊后会有假死的行为，针对这一行为可以敲击树枝、树杆等，将其震落后再进行捕捉。

③诱集法：利用昆虫的趋光性、趋食性等进行诱捕，常见的有灯诱法、巴氏罐诱法和马氏网法等。

④观察法：听声音或看植物被害状等。

⑤搜索法：通过翻找石块、树皮、动物粪便或尸体等，寻找藏匿其中的昆虫。

①网捕法

②震落法

③诱集法（灯诱法）

③诱集法（马氏网法）

④观察法

⑤搜索法

## （二）昆虫标本的制作

### 1. 制作工具

①昆虫针：分为 00、0、1、2、3、4、5 号，其中，00 号最细，5 号最粗。此外，还有针对小型昆虫的微针，常与三角纸片一起使用。

②展翅板：用于制作鳞翅目等昆虫的展翅标本，常用泡沫板代替。

③硫酸纸：用于固定标本的双翅。

④三级台：每级高 8 mm，用于统一标本及其标签的高度。

⑤还软缸：用于软化已经干燥的虫体，缸内的水需加入一些乳酸，以防止标本发霉。

⑥镊子、大头针、标本盒、樟脑丸、干燥剂等。

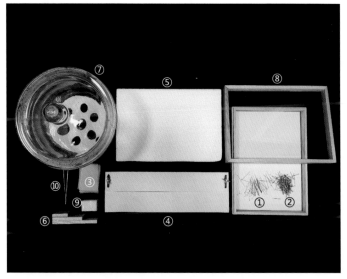

● 常用的标本制作工具：①昆虫针 ②大头针 ③硫酸纸 ④展翅板 ⑤泡沫板 ⑥三级台 ⑦还软缸 ⑧标本盒 ⑨樟脑丸 ⑩镊子

2. 制作方法

昆虫标本主要分为浸制标本、玻片标本和针插标本。浸制标本主要针对身体柔软、体型较小的昆虫，使用乙醇、福尔马林等保存液浸泡。玻片标本主要针对微小昆虫或需要用显微镜观察的局部特征，又可分为临时装片和永久装片。这里主要介绍针插标本。

（1）针插法

①取出待制作的标本，对已干燥的标本应先放入还软缸中进行还软操作。

②将昆虫针垂直于虫体插入（鞘翅目插入右鞘翅的左上角，半翅目插入小盾片右侧，直翅目插入前胸背板右侧，其余类群一般插入中胸）。

③用镊子对足、触角等进行整姿，使标本与活体具有相似的姿态，保持左右对称，用昆虫针或大头针进行"8"字形固定。

④对一些小型昆虫，为了保证标本的完整性，常将其粘贴在三角纸上，再插昆虫针，而后用三级台固定虫体高度，再插在泡沫板或展姿板上。

⑤待标本干燥后拔去固定针，插上两级标签（一级注明采集地点、采集时间、采集人；另一级注明分类地位、中文名、拉丁学名），放入标本盒内。

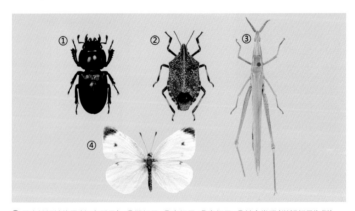

● 昆虫针插针位置(红点所示)：①鞘翅目 ②半翅目 ③直翅目 ④其余类群(以鳞翅目为例)

● 昆虫标本记录与保存

（2）展翅法（以蝴蝶为例）

①选择合适宽度沟槽的展翅板，将昆虫针从虫体胸部背面中央垂直插入。

②将插好针的标本垂直放入沟槽中。

③将硫酸纸覆盖在标本的双翅上，用大头针或昆虫针将硫酸纸固定在展翅板上，用镊子（一般为扁镊）调整双翅的角度，左右保持对称。用镊子夹住前翅前缘的翅脉，使前翅后缘垂直于身体（如图中红线所示）；夹住后翅基部的翅脉，使后翅与前翅的交点落于前翅后缘 1/2 或 2/3 的位置。

④调整触角与腹部的位置。

⑤待标本完全干燥后拆针，连同写有采集信息的标签一同插入标本盒中。

● 制作蝴蝶展翅标本

（3）标本的保存

标本保存的原则：干燥、防虫、避光、低温。标本盒的密封性应良好，可避免蚂蚁、皮蠹等进入啃食标本，盒内需放入天然樟脑等防虫药。标本应置在避光环境中，长时间接触阳光会使标本褪色、变脆。对尚未整姿的标本，应放入低温、干燥的环境中进行保存。

本书的使用说明：

①物种名以拉丁学名为准，中文名、英文名等皆不是正式学名。

②灰底照片为标本照。

种类识别

# 蜻蜓目 Odonata

## 蜓科 Aeshnidae

**碧伟蜓** *Anax parthenope* (Sélys, 1839)

【鉴别特征】体长 68.0~76.0 mm，后翅长 50.0~51.0 mm，面部黄色，具黑色额横纹，复眼绿色。胸部绿色。翅透明，翅痣红褐色。足黑色，股节红褐色。雄性腹部第 2 节蓝色，其余各节白色，腹部中脊条纹呈黑色。雌性腹部第 2 节色彩多样，分为蓝色型、黄色型和绿色型，腹部中脊条纹呈红褐色。

【习性】常栖息于湿地、湖泊、池塘等静水环境或宽阔平缓的水域。

【分布】国内除新疆外广泛分布；国外分布于日本、朝鲜半岛、越南、缅甸等。

【注】天津地区分布的为东亚亚种 *Anax parthenope julius* Brauer, 1865。

① 稚虫　②雌性（左：蓝色型，右：绿色型）③雄性

## 春蜓科 Gomphidae
### 大团扇春蜓 *Sinictinogomphus clavatus* (Fabricius, 1775)

【鉴别特征】体长 69.0~71.0 mm，后翅长 41.0~47.0 mm，雄性胸部黄色，具黑色条纹；腹部黑色，背面及侧面具黄色斑，第 8 节背板侧缘极度扩大呈扇片状，内侧黄色，外侧黑色。雌性与雄性相似，但腹部黄色斑较发达。

【习性】常栖息于低海拔地区的池塘、湖泊和流速缓慢的溪流环境。

【分布】国内除西北地区外广泛分布；国外分布于日本、朝鲜半岛、俄罗斯、老挝、泰国、缅甸、越南、柬埔寨、尼泊尔等。

①稚虫　②成虫

## 大伪蜻科 Macromiidae
**闪蓝丽大伪蜻** *Epophthalmia elegans* Brauer, 1865

【鉴别特征】体长 76.0~82.0 mm，后翅长 48.0~51.0 mm，体大型。头部具黄色和白色斑纹。胸部黑色具强烈的绿色金属光泽，侧面可见 3 条黄色条纹。翅透明。腹部黑色具黄斑。足黑色。雌性翅基处具琥珀色斑。

【习性】常栖息于水库、湖泊、大型池塘、河流等环境。

【分布】国内广泛分布；国外分布于日本、朝鲜半岛、俄罗斯、越南、老挝、菲律宾等。

①稚虫 ②成虫

## 蜻科 Libellulidae
### 低斑蜻 *Libellula angelina* Sélys, 1883

【鉴别特征】体长 38.0~43.0 mm，后翅长 30.0~32.0 mm，成熟雄性体黑褐色，翅透明具黑色三角形斑，翅基部色斑最大，未成熟雄性体黄褐色。雌性体黄褐色，翅透明具褐色斑，腹部背面具 1 黑色纵条纹。

【习性】常栖息于挺水植物茂盛的湿地、湖泊、水塘等环境。

【分布】国内分布于天津、北京、河北、山西、江苏、安徽、湖北等；国外分布于日本、朝鲜半岛等。

【注】在世界自然保护联盟濒危物种红色名录（IUCN Red List of Threatened Species）中，本种的濒危等级为极危（Critically Endangered，CR）。近年来，随着环境的改善，种群数量有较为明显的恢复。

①雄性　②雄性（未成熟）　③雌性

黄蜻 *Pantala flavescens* (Fabricius, 1798)

【鉴别特征】体长 49.0~50.0 mm，后翅长 39.0~40.0 mm，雄性复眼上部红色，下部蓝灰色；胸部黄褐色，具黑色细纹；翅透明，翅痣橙红色；腹部黄色，背面红色，具黑褐色斑。雌性体色较雄性浅，翅痣黄色，腹部黄色。

【习性】常栖息于湖泊、沟渠、水塘等静水环境。

【分布】分布于除南极洲以外的所有大陆地区。

① 雄性　② 雄性（未成熟）

红蜻 *Crocothemis servilia* (Drury, 1773)

【鉴别特征】体长 44.0~47.0 mm，后翅长 34.0~35.0 mm，雌雄异型。雄性成熟个体赤红色；翅透明，翅基部具红色斑，翅痣黄色；未成熟个体黄色。雌性体色多样，分为黄色型和红色型。

【习性】常栖息于池塘、水田、湖泊、水库、水草茂盛的湿地等环境。

【分布】国内广泛分布于北方地区；国外分布于日本、朝鲜半岛等。

【注】天津地区分布的为古北亚种 *Crocothemis servilia mariannae* Kiauta, 1983。

①稚虫　②雄性　③雄性（未成熟）　④雌性

## 白尾灰蜻 *Orthetrum albistylum* (Sélys, 1848)

① 稚虫

【鉴别特征】体长 50.0~56.0 mm，后翅长 37.0~42.0 mm，雄性胸部褐色，侧面具 2 条宽大的白色条纹；翅透明，翅痣黑色；腹部第 1~6 节覆蓝白色粉，其余各节黑色。雌性腹部颜色多样，分为蓝色型和黄色型。

【习性】常栖息于池塘、湖泊、水库、沟渠、湿地等静态水域。

【分布】国内广泛分布；国外分布于日本、朝鲜半岛、中亚、欧洲等。

①稚虫　②雄性（老熟）　③雄性（未成熟）　④雌性

异色灰蜻 *Orthetrum melania* (Sélys, 1883)

【鉴别特征】体长 51.0~55.0 mm，后翅长 40.0~43.0 mm，雌雄异型。雄性头部黑色，全身覆盖蓝灰色粉；翅透明，后翅基部具黑褐色斑，翅痣黑色；腹部第 8、第 9 节黑色；未成熟雄性体色同雌性。雌性胸部黄色，侧面有 2 条黑色宽条纹；腹部第 1~6 节黄色具黑斑，第 7、第 8 节黑色，第 8 节侧面具片状突起。

【习性】常栖息于山区溪流、深潭、湿地和沟渠等环境。

【分布】国内分布于华北、华南和西南等地区；国外分布于日本、朝鲜半岛、俄罗斯等。

① 雄性　② 雌性

条斑赤蜻 *Sympetrum striolatum* (Charpentier, 1840)

【鉴别特征】体长 36.0~45.0 mm，后翅长 25.0~32.0 mm，雄性复眼上半部红色，下半部黄绿色；胸部红褐色具褐色细纹；翅透明，前缘黄褐色；腹部红色，末端具黑斑。雌性腹部黄色或红色，侧面具黑色条纹。

【习性】常栖息于山区湖泊、溪流、水库、水草茂盛的湿地等静水环境。

【分布】国内分布于天津、北京、河北、内蒙古、山西、黑龙江、吉林、辽宁、新疆、山东、陕西、河南、四川等；国外分布于日本、欧洲等。

【注】天津地区分布的为指名亚种 *Sympetrum striolatum striolatum* (Charpentier, 1840)。

①雌性　②雄性　③雌性（未成熟）

竖眉赤蜻 *Sympetrum eroticum* (Sélys, 1883)

【鉴别特征】体长 33.0~40.0 mm，后翅长 25.0~30.0 mm，雄性面部褐色；初熟个体胸部黄色，老熟后为褐色，具宽阔的肩条纹；腹部红色。雌性腹部黄褐色或红色；翅透明，有时端部具黑褐色斑。

【习性】常栖息于山区湖泊、湿地、水稻田等环境。

【分布】国内分布于天津、北京、河北、内蒙古、山西、黑龙江、吉林、辽宁、山东、河南等；国外分布于日本、朝鲜半岛、俄罗斯等。

【注】天津地区分布的为指名亚种 *Sympetrum eroticum eroticum* ( Sélys, 1883 )。

①雄性　②雌性

玉带蜻 *Pseudothemis zonata* (Burmeister, 1839)

【鉴别特征】体长 44.0~46.0 mm，后翅长 39.0~42.0 mm，雌雄异型。雄性前额白色；胸部黑色，侧面具黄白色细纹；翅透明，翅端部褐色，后翅基部具黑褐色斑；腹部黑色，成熟雄性第 2~4 节白色，未成熟雄性黄色。雌性腹部第 2~4 节黄色，第 5~7 节侧缘有黄斑。

【习性】常栖息于面积较大、有机质较丰富的池塘、水库等环境。

【分布】国内广泛分布；国外分布于日本、朝鲜半岛、老挝、越南等。

①雄性（未成熟）　②雄性　③雌性

黑丽翅蜻 *Rhyothemis fuliginosa* Sélys, 1883

【鉴别特征】体长 31.0~36.0 mm，后翅长 31.0~36.0 mm，体黑色，具蓝色金属光泽。翅黑色，具蓝紫色或蓝绿色金属光泽，前翅端部一半透明。雄性后翅全黑，雌性近翅端一小部分透明。

【习性】常栖息于水草丰富的水库、湿地等环境。

【分布】国内分布于天津、北京、河北、山东、河南、江苏、浙江、湖北、安徽、福建、广东、香港、台湾等；国外分布于日本、朝鲜半岛等。

①雄性 ②雌性

异色多纹蜻 *Deielia phaon* (Sélys, 1883)

【鉴别特征】体长 40.0~42.0 mm，后翅长 32.0~36.0 mm，成熟雄性体覆蓝灰色粉；面部墨绿色；胸部侧面具淡黄色条纹。雌性体色多样，橙色型通体黄色，具黑色条纹；翅橙红色，近端部有时具褐色条纹；蓝色型与雄性相似。

【习性】常栖息于有机质沉积较多的水田、池塘、水库等环境。

【分布】国内广泛分布；国外分布于日本、朝鲜半岛、俄罗斯等。

① 雌性（蓝色型）  ② 雄性  ③ 雌性（橙色型,翅无纹）  ④ 雌性（橙色型,翅有纹）

## 螅科 Coenagrionidae
### 蓝纹尾螅 *Paracercion calamorum* (Ris, 1916)

【鉴别特征】体长 26.0~32.0 mm，后翅长 15.0~17.0 mm，雌雄异型。雄性胸部背面蓝黑色，侧面蓝色具灰白色粉霜；腹部黑色，第8~10节蓝色。雌性胸部黑色具黄褐色条纹。

【习性】常栖息于低海拔地区水草茂盛、流速缓慢的溪流和池塘、湖泊等静水环境。

【分布】国内广泛分布；国外分布于日本、朝鲜半岛、俄罗斯、东南亚、南亚等。

①稚虫 ②雄性 ③雌性

黑背尾蟌 *Paracercion melanotum* (Sélys, 1876)

【鉴别特征】体长 28.0~30.0 mm，后翅长 14.0~17.0 mm，雄性体蓝色具黑色条纹；腹部第 8、第 9 节全蓝色。雌性胸部黄褐色具黑色细纹；腹部黄绿色。

【习性】常栖息于水草茂盛的池塘、湖泊、湿地等静水环境。

【分布】国内广泛分布于东北、华北、华中地区；国外分布于日本、朝鲜半岛、俄罗斯等。

①雄性

## 七条尾螅 *Paracercion plagiosum* (Needham, 1930)

【鉴别特征】体长 40.0~50.0 mm，后翅长 21.0~26.0 mm，胸部有 7 条清晰的黑色条纹。雄性体蓝色具黑色条纹，未成熟个体绿色。雌性体色多样，草绿色或淡蓝色，具黑色条纹。

【习性】常栖息于水草茂盛的池塘、湖泊、湿地等静水环境。

【分布】国内广泛分布于东北、华北、华中等地区；国外分布于日本、朝鲜半岛、俄罗斯等。

①雄性　②雄性（未成熟）　③雌性（蓝色型）　④雌性（绿色型）

东亚异痣螅 *Ischnura asiatica* (Brauer, 1865)

【鉴别特征】体长 27.0~29.0 mm，后翅长 10.0~11.0 mm，雄性胸部侧面绿色，背面黑色具 1 对绿色细纹；前后翅痣不同色；腹部侧面黄色，背面黑色，第 8~10 节具蓝色斑。成熟雌性体黄绿色或黄褐色，胸部背面具 1 条黑色带；前后翅痣同色；腹部第 9 节背面黑色。

【习性】常栖息于水草茂盛的池塘、湖泊、湿地、水稻田等静水环境。

【分布】国内广泛分布于东北、华北、华中、西南等地区；国外分布于日本、朝鲜半岛、俄罗斯等。

①雌性　②雌性（未成熟）　③雄性

长叶异痣蟌 *Ischnura elegans* (Vander Linden, 1820)

【鉴别特征】体长 30.0~35.0 mm，后翅长 14.0~23.0 mm，雄性胸部侧面蓝色，背面黑色具 1 对蓝色条纹；翅透明，翅痣黑蓝两色；腹部第 1~3 节、第 7~10 节蓝色具黑色条纹。雌性体色多样，未成熟时体黄色、橙红色或蓝紫色，成熟后体大面积蓝色或黄色。

【习性】常栖息于水草茂盛的池塘、湖泊、湿地、水稻田、水渠等环境。

【分布】国内广泛分布于东北、华北等地区；国外分布于日本、朝鲜半岛、欧洲等。

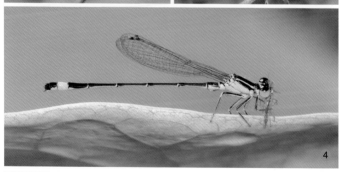

①稚虫 ②雌性（未成熟）③雌性 ④雄性

东亚异痣蟌与长叶异痣蟌的区别

## 1. 腹部

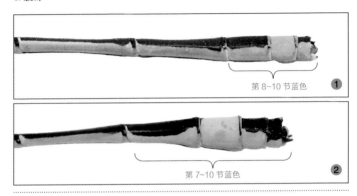

①东亚异痣蟌（雄性）　②长叶异痣蟌（雄性）

## 2. 胸部

①东亚异痣蟌（雄性）　②长叶异痣蟌（雄性）

## 色蟌科 Calopterygidae
### 黑暗色蟌 *Atrocalopteryx atrata* (Sélys, 1853)

【鉴别特征】体长 47.0~58.0 mm，后翅长 31.0~38.0 mm，雄性胸部和腹部具深绿色金属光泽；翅黑色，无翅痣。雌性通体黑褐色。

【习性】常栖息于溪流、池沼、水渠附近的草丛中。

【分布】国内除西北地区外广布；国外分布于日本、朝鲜半岛、俄罗斯等。

①雄性

### 透顶单脉色蟌 *Matrona basilaris* (Sélys, 1853)

【鉴别特征】体长 56.0~62.0 mm，后翅长 34.0~43.0 mm，雄性体绿色具强烈金属光泽；翅黑色，近翅基部 1/2 处的翅脉为蓝色；腹部绿色或深绿色，第8~10 节腹面黄褐色。雌性胸部古铜绿色，翅褐色具白色伪翅痣，腹部褐色。

【习性】常栖息于开阔的山区溪流、河流等环境。

【分布】国内除西北地区外广布；国外分布于老挝、越南等。

①雄性

## 扇螅科 Platycnemididae

叶足扇螅 *Platycnemis phyllopoda* Djakonov, 1926

【鉴别特征】体长 33.0~34.0 mm，后翅长 16.0~17.0 mm，成熟雄性体不覆粉，胸部黑色具黄白色条纹，侧面具 2 条黄色条纹；中、后足胫节白色扇状；腹部黑色具白色细条纹。雌性黑色具黄色条纹，足未膨大。

【习性】常栖息于流速缓慢的溪流、池沼、湿地等环境。

【分布】国内分布于天津、北京、黑龙江、辽宁、山东、江西、江苏、湖北、浙江、重庆、云南等；国外分布于朝鲜半岛、俄罗斯等。

①雄性　②雌性

## 黑拟狭扇螅 *Pseudocopera tokyoensis* Asahina, 1948

【鉴别特征】体长 33.0~36.0 mm，后翅长 16.0~17.0 mm，雄性胸部背面黑色，侧面 2 条黄白色条纹；足黑白两色，胫节稍微膨大；腹部背面黑色，侧缘及末端白色。雌性胸部黑色具黄色条纹；足红色，胫节不膨大。

【习性】常栖息于水草茂盛的池塘、水田、湿地等环境。

【分布】国内分布于天津、北京、江苏、安徽、湖北等；国外分布于日本、朝鲜半岛、俄罗斯等。

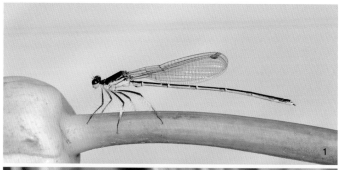

①雄性　②雌性

白拟狭扇螈 *Pseudocopera annulata* (Sélys, 1863)

【鉴别特征】体长 43.0~45.0 mm，后翅长 22.0~24.0 mm，雄性胸部黑色，具蓝白色条纹；翅痣红褐色；股节基部 1/2 白色，胫节白色，稍膨大；腹部黑色，第 3~6 节基部蓝白色，第 9、第 10 节大部分蓝白色。雌性胸部黑褐色具黄绿色或蓝白色条纹。

【习性】常栖息于水草茂盛的池塘、湿地等环境。

【分布】国内分布于天津、北京、陕西、浙江、四川、重庆、湖北、贵州、福建、广西、云南等；国外分布于日本、朝鲜半岛等。

①雄性　②交尾

# 蜚蠊目 Blattodea
地鳖蠊科 Corydiidae
中华真地鳖 *Eupolyphaga sinensis* (Walker, 1868)

【鉴别特征】体长 30.0~35.0 mm，雌雄异型。雄性具翅，前翅具褐色网状斑纹；前足胫节具端刺 8 个，中刺 1 个，中刺位于胫节下缘。雌性无翅；体近黑色，身体扁平，椭圆形，背部稍隆起；头小，隐于前胸下；触角丝状，黑褐色。

【习性】常栖息于阴暗潮湿、腐殖质丰富、稍偏碱性的土壤中。

【分布】国内分布于天津、北京、河北、山西、内蒙古、辽宁、陕西、甘肃、宁夏、新疆、青海、山东、江苏、上海、安徽、湖北、湖南、四川、贵州等。

① 雄性 ② 雌性

## 螳螂目 Mantodea
### 螳螂科 Mantidae
薄翅螳 *Mantis religiosa* (Linnaeus, 1758)

【鉴别特征】体长 65.0~70.0 mm，体绿色或褐色。前足基节长度等于或略长于前胸背板后半部，内侧基部有 1 个黑色长形斑，股节内侧中央有 1 个枯黄色内斑。前翅略带革质；后翅在腹端超过前翅。雄性较雌性略小，前翅薄而透明，前足基节内面基部同雌性。

【习性】常栖息于开阔草地、半荒漠等环境。

【分布】世界广泛分布。

①蠕蜡　②绿色型（雌性）

棕静螳 *Statilia maculata* (Thunberg, 1784)

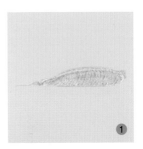

【鉴别特征】体长 40.0~65.0 mm，体色多样，分为褐色型和绿色型。前足基节内侧前半部黑色，股节内侧具白斑，白斑之间具窄黑带，之后具宽阔的黑带。

【习性】常栖息于林地下层、草地等环境。

【分布】国内广泛分布；国外分布于日本等。

①螵蛸 ②褐色型(左: 雄性, 右: 雌性) ③绿色型(雌性)

广斧螳 *Hierodula patellifera* (Serville, 1839)

【鉴别特征】体长 40.0~65.0 mm，体中大型，体色多样，分为褐色型和绿色型。前翅有 1 个白色翅痣。前足基节具 2~5 个黄色突起，通常 3~4 个。

【习性】常栖息于树木高冠处。

【分布】国内广泛分布于东部地区；国外分布于日本、菲律宾、印度尼西亚等。

①螵蛸　②绿色型（上：雄性，下：雌性）

中华刀螳 *Tenodera sinensis* Saussure, 1870

【鉴别特征】体长 75.0~90.0 mm，体大型，体色多样，分为褐色型和绿色型，褐色型前翅边缘绿色。前胸背板前端略宽于后端，前端两侧具有明显的齿列，后端齿列不明显；前半部中纵沟两侧排列有许多小颗粒，后半部中隆起线两侧的小颗粒不明显。前翅前缘区较宽，革质；后翅不超过前翅的末端，带有烟黑色斑。

【习性】各种环境可见，常在阳光充足的环境活动。

【分布】国内广泛分布于东部地区；国外分布于日本、朝鲜半岛、越南等，现已引入美国。

①螵蛸　②绿色型(左: 雄性, 右: 雌性)　③褐色型(左: 雄性, 右: 雌性)

狭翅刀螳 *Tenodera angustipennis* Saussure, 1869

【鉴别特征】体长 75.0~90.0 mm，本种与中华刀螳相似，区别：本种成虫前翅较狭长；后翅浅色，翅基部无深色斑；大龄若虫和成虫前胸腹面有 1 块黄色斑。

【习性】常栖息于树上。

【分布】国内分布于天津、河北、山东、宁夏、江苏、浙江、安徽、湖北、四川、重庆、福建、广东、广西等；国外分布于东南亚等。

①螵蛸　②雄性

中华刀螳与狭翅刀螳的区别

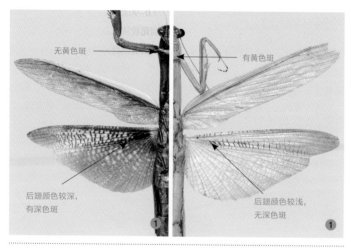

无黄色斑

有黄色斑

后翅颜色较深，
有深色斑

后翅颜色较浅，
无深色斑

①左：中华刀螳，右：狭翅刀螳

## 直翅目 Orthoptera
### 蚱科 Tetrigidae
**日本蚱** *Tetrix japonica* Bolivar, 1887

【鉴别特征】体长 7.3~12.0 mm，体色黄褐色、褐色或暗褐色。前胸背板无斑纹或具两个方形黑斑，上缘前段略呈屋脊形。前翅卵形；后翅发达。后足胫节褐色或黄褐色。

【习性】常栖息于溪边、路边和农田等。寄主为幼嫩的草本植物、苔藓等。

【分布】国内广泛分布；国外分布于日本、朝鲜半岛、欧洲等。

①成虫 ②若虫

## 锥头蝗科 Pyrgomorphidae
### 短额负蝗 *Atractomorpha sinensis* Bolivar, 1905

【鉴别特征】体长 20.0~35.0 mm，体色多样，草绿色或黄褐色，全身散布白色细小颗粒。头部锥形，触角剑状。复眼后具 1 纵列白色突起。前翅较长，超出后足股节端部，翅尖略尖；后翅玫瑰红色或红色。雌性体型明显大于雄性。

【习性】常栖息于田边、路边、沟渠和河岸的杂草丛生处。寄主为鸡冠花、菊花、茉莉、美人蕉、牵牛花、一寸红、月季、蔷薇等。

【分布】国内广泛分布；国外分布于日本、朝鲜半岛等。

①绿色型（左: 雄性, 右: 雌性）　②褐色型（左: 雄性, 右: 雌性）

## 蝗科 Acrididae
### 中华剑角蝗 *Acrida cinerea* Thunberg, 1815

【鉴别特征】体长 45.0~80.0 mm，体色绿色或黄褐色，体表纹路存在较大的个体差异。头部较长，头顶突出，触角剑状。前胸背板侧面后缘凹入，背面后下角呈锐角形向后突出。前翅超过后足股节端部，翅尖尖锐；后翅淡绿色，具发音齿，可与前翅摩擦发音。雌性体型明显大于雄性。

【习性】常栖息于河流两岸、内涝洼地、沟渠、潮湿草滩等地。寄主为水稻、玉米、高粱、谷子、豆类、甘蔗、花生、棉花等农作物及禾本科杂草。

【分布】国内广泛分布；国外分布于日本、朝鲜半岛、印度、泰国等。

①雄性 ②雌性

棉蝗 *Chondracris rosea* (De Geer, 1773)

【鉴别特征】体长 45.0~80.0 mm，体色常为青绿色或黄绿色。触角丝状。前胸背板具颗粒状突起，前缘略突，后缘三角形。前翅绿色，端部宽圆；后翅基部玫瑰红色，端部透明。前、中、后足胫节外侧红色。雄性体表具浓密长绒毛和粗大刻点。雌性体型明显粗壮于雄性。

【习性】常栖息于植被较稀疏的山坡、丘陵。寄主为刺槐、棉花、甘蔗、水稻、大豆等。

【分布】国内分布于天津、北京、河北、内蒙古、陕西、山东、江苏、浙江、安徽、湖北、湖南、江西、福建、台湾、广东、海南、广西、云南等；国外分布于缅甸、斯里兰卡、印度、印度尼西亚、尼泊尔、越南、日本、朝鲜半岛等。

①成虫

长翅素木蝗 *Shirakiacris shirakii* (Bolívar, 1914)

【鉴别特征】体长 23.0~42.0 mm，体黑褐色，自头顶向后至前胸背板具宽而明显的黑褐色纵带。前胸背板具 3 条横沟，侧隆线具黄色狭纵条纹。前翅具较多黑褐色圆形斑。

【习性】常栖息于湖河两岸、地势低洼易涝、植被较高密的地区。寄主为芦苇、茅草、玉米、高粱、谷子、小麦、水稻、豆类等。

【分布】国内分布于天津、北京、河北、陕西、甘肃、山东、河南、江苏、浙江、江西、安徽、四川、福建、广东等；国外分布于日本、朝鲜半岛、俄罗斯、印度、泰国等。

①成虫　②若虫

**疣蝗** *Trilophidia annulata* (Thunberg, 1815)

【鉴别特征】体长 12.0~26.0 mm，体灰褐色或暗褐色，体表粗糙，具黑褐色斑点。触角丝状。前胸背板侧面中隆线两侧各有 3 对突起。胸、腹、足被绒毛。

【习性】常栖息于山坡地、沙砾地、沟渠边和荒草地。寄主为禾草、棉花、桑等。

【分布】国内分布于天津、北京、河北、内蒙古、陕西、甘肃、宁夏、山东、河南、江苏、浙江、安徽、江西、四川、福建、贵州、广东、广西、云南、西藏等；国外分布于日本、朝鲜半岛、印度等。

①成虫

**中华稻蝗** *Oxya chinensis* (Thunberg, 1815)

【鉴别特征】体长 15.0~40.0 mm，体绿色或褐绿色。从复眼向后直至前胸背板后缘，左右两侧有暗褐色纵纹。雄性触角较雌性长，超过前胸背板后缘。

【习性】常栖息于河岸边、湿地等低洼潮湿、近水地带。寄主为水稻、玉米、高粱、小麦、甘蔗、豆类等。

【分布】国内广泛分布；国外分布于朝鲜半岛、印度、越南等。

①成虫

花胫绿纹蝗 *Aiolopus tamulus* (Fabricius, 1798)

【鉴别特征】体长 15.0~30.0 mm，体色多样，通常为褐色，也有绿色、红色。前胸背板中央具浅褐色纵条纹，两侧具发散状黄色条纹。前翅前缘具 1 条绿色或黄褐色纵条纹；后翅基部黄绿色，外缘暗色。后足胫节三色，端部红色，中部蓝黑色，基部淡黄色。

【习性】常栖息于农田、路边、沟渠的杂草丛生处和低洼内涝地带。寄主为禾草、小麦、玉米、水稻等。

【分布】国内分布于天津、北京、河北、辽宁、陕西、甘肃、宁夏、河南、贵州、云南、海南等；国外分布于南亚、东南亚、大洋洲等。

①雄性 ②若虫 ③雌性（左：褐色型，右：绿色型）

黄胫小车蝗 *Oedaleus infernalis* Saussure, 1884

【鉴别特征】体长 23.0~40.0 mm，体暗褐色、绿褐色或草绿色，斑纹错综复杂。触角丝状。前胸背板具白色 "X" 形纹，该纹由 4 个条纹组成：沟前区条纹较细，开口较小；沟后区条纹较粗，开口较大。雄性股节内侧下缘、胫节红色。雌性股节内侧下缘、胫节黄褐色。

【习性】常栖息于草原、山坡地、田间地埂、荒地、堤岸边。寄主为水稻、小麦等。

【分布】国内分布于天津、北京、河北、陕西、山东、江苏、安徽、福建、台湾等；国外分布于日本、朝鲜半岛等。

①成虫　②若虫

## 癞蝗科 Pamphagidae

笨蝗 *Haplotropis brunneriana* Saussure, 1888

【鉴别特征】体长 35.0~45.0 mm，体粗壮，褐色、黄褐色或暗褐色。头部短于前胸背板。前胸背板中隆线呈片状隆起，前、后缘均呈角状突出。前翅短小，其顶端至多略超过腹部第 1 节背板后缘；后翅甚小。后足腿节上侧具 3 个暗色横斑，外侧具不规则短隆线，基部外侧的上基片短于下基片。

【习性】栖息于山区，喜土质干燥、阳光充足的环境。寄主为甘薯、豆类及多种果树、林木。

【分布】国内分布于天津、北京、河北、山西、辽宁、内蒙古、陕西、甘肃、宁夏、山东、河南、江苏、安徽等；国外分布于俄罗斯等。

①成虫

①成虫

### 蝼蛄科 Gryllotalpidae
**东方蝼蛄** *Gryllotalpa orientalis* Burmeister, 1838

【鉴别特征】体长 30.0~35.0 mm，体灰褐色，全身密布细毛。头圆锥形，触角丝状。前胸背板卵圆形，中间具 1 个暗红色长心脏形凹陷斑。前翅灰褐色，较短，仅达腹部中部；后翅扇形，较长，超过腹部末端。前足为开掘足，后足胫节背面内侧具 3~4 个距。鸣声为单调连续的"吱"。

【习性】常在地表土中活动。寄主为果树、林木的种苗及大田作物、蔬菜的种苗。

【分布】国内除新疆外广泛分布；国外分布于日本、朝鲜半岛、俄罗斯、印度、东南亚、大洋洲等。

### 蚤蝼科 Tridactylidae
**日本蚤蝼** *Xya japonica* (Haan, 1842)

【鉴别特征】体长 5.0~5.5 mm，体黑色。触角 10 节，念珠状。前胸背板侧缘具黄白色窄带。前翅短，仅达腹部第 3 节。前、中足胫节以下褐色或黑褐色。

【习性】常栖息于潮湿的土表，有时也到灯下。寄主为草莓、棉花、烟草等。

【分布】国内分布于天津、北京、河北、山东、江苏、浙江、江西、福建、台湾等；国外分布于日本等。

①成虫

螽斯科 Tettigoniidae
日本条螽 *Ducetia japonica* (Thunberg, 1815)

【鉴别特征】体长 15.0~20.0 mm，体绿色或黄褐色。触角丝状。前翅狭长，后缘褐色，翅上有黑色斑点；后翅叠在前翅下，长于前翅。后足细长。雄性下生殖板狭长，端部分叉，尾须长圆柱形，末端刀状，鸣声为"喷喷喷喷喷，嗞——嗞——嗞——"，以"喷"声开始，而后节奏逐渐加快，最后以几声长音结尾。雌性体背具黄白色中线，产卵瓣宽短，呈镰刀形向上弯曲。

【习性】常栖息于林地、城市绿化的灌木上。

【分布】国内分布于天津、北京、河北、河南、江苏、浙江、上海、安徽、湖南、贵州、福建、广东、广西、云南、西藏、台湾等；国外分布于日本、朝鲜半岛、俄罗斯、印度、斯里兰卡、东南亚、澳大利亚等。

①雄性　②雌性

暗褐蝈螽 *Gampsocleis sedakovii obscura* (Walker, 1869)

【鉴别特征】体长 35.0~40.0 mm，体褐色或绿色。前胸背板宽大，似马鞍形，侧板下缘和后缘镶以白边。前翅较长，超过腹端，翅端狭圆，翅面具草绿色条纹并布满褐色斑点。鸣声常为"吱啦，啦——"，略似蝉鸣。雌性具较长的产卵瓣。

【习性】常栖息于农田边、灌木丛。

【分布】国内分布于华北、东北与西北等地区；国外分布于朝鲜半岛、俄罗斯等。

① 绿色型（左：雄性，右：雌性） ② 褐色型（左：雄性，右：雌性）

优雅蝈螽 *Gampsocleis gratiosa* Brunner von Wattenwyl, 1862

【鉴别特征】体长 40.0~50.0 mm，体色多样，通常为绿色，具褐色或黑色斑。前胸背板宽大，马鞍形，侧片下缘和后缘镶以白边。前翅较短，仅达腹部 1/2，翅端宽圆；后翅极小，呈翅芽状。雄性靠前翅摩擦发声来吸引雌性，鸣声为连续的"聒、聒、聒"。雌性翅退化，呈鳞片状，产卵瓣较长。

【习性】常栖息于农田、草地、灌木丛等。

【分布】天津、北京、河北、山西、内蒙古、陕西、山东、河南等。

【注】又名蝈蝈。

①雄性　②雌性

黑膝大蝈螽 *Megaconema geniculata* (Bey-Bienko, 1962)

【鉴别特征】体长 11.0~17.0 mm，体淡绿色。头顶至前胸背板后缘具宽的浅褐色纵带，侧缘色暗，外缘嵌白色纹。前胸背板向后适度延长，沟后区适度隆起。前翅前缘脉域绿色，其余为褐色。后足膝部黑色。雄性尾须适度内弯，基部圆柱形，内侧具 1 锐齿，端部叶状扩展。雌性产卵瓣平直，近端部稍向上弯曲，端部腹缘具数齿。

【习性】常栖息在低的阔叶乔木树冠、灌木上。

【分布】天津、北京、河北、陕西、河南、安徽、湖北、四川、贵州等。

①雄性　②雌性

**豁免草螽** *Conocephalus exemptus* (Walker, 1869)

【鉴别特征】体长 16.0~23.0 mm，体绿色。头顶至前胸背板后缘背面具褐色宽纵纹，侧缘具黄白色纵纹。触角丝状，极长。雄性尾须中部粗壮，端尖，中部有 1 个内齿，鸣声为连续的"吱、吱、吱"。雌性产卵瓣剑状，长且直，长于后足股节。

【习性】常栖息在草丛、灌木丛和绿篱上。

【分布】国内分布于天津、北京、河北、河南、浙江、上海、四川、重庆、贵州、福建、湖北、湖南、广西等；国外分布于日本、东南亚等。

① 雄性　② 雌性

素色似织螽 *Hexacentrus unicolor* Serville, 1831

【鉴别特征】体长 20.0~23.0 mm，体淡绿色。头部短而狭，侧扁，背面淡褐色。前胸背板背面具褐色纵带，在沟后区较强地扩宽，沿边缘镶黑线。前、中足胫节具 6 对甚长的腹距。雄性发音部褐色，前翅超过后足股节顶端，较宽阔，后缘呈弧形弯曲，尾须基部粗，具毛，端部骤然变细和内弯，鸣声为连续的、带电音效果的"轧织，轧织，轧织"。雌性前翅较狭，后缘几乎平直，尾须较短，产卵瓣较平直，端部尖锐。

【习性】常栖息在灌木丛或树上，捕食其他小型昆虫。

【分布】国内分布于天津、北京、浙江、四川、江西、湖北、湖南、福建、广东、广西、台湾等；国外分布于泰国、缅甸、马来西亚等。

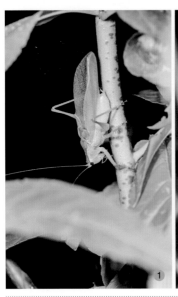 

①雄性　②雌性

## 黑胫钩额螽 *Ruspolia lineosa* (Walker, 1869)

【鉴别特征】体长 25.0~30.0 mm，体绿色或褐色。头部呈圆锥形，顶部钝圆。褐色型前翅散布纵向的黑褐色斑点。前、中足胫节两侧黑褐色。雄性右前翅根部背上有椭圆透明的发音镜，尾须粗壮，端部具 2 枚指向内侧的齿，鸣声为连续的"嗞"，较尖锐。雌性产卵瓣长且呈剑状。

【习性】常栖息在田间、地边的草丛中，少数有时落在树上。

【分布】国内分布于天津、北京、河南、浙江、上海、江西、安徽、四川、重庆、湖北、湖南、贵州、福建、云南、台湾；国外分布于日本、朝鲜半岛等。

①雄性

## 蟋蟀科 Gryllidae

**双斑蟋** *Gryllus bimaculatus* De Geer, 1773

【鉴别特征】体长 23.0~27.0 mm，体黑色，具光泽，有些个体体色较浅，呈深褐色或棕红色。前胸背板略鼓。前翅基部具 2 个黄斑，有些个体前翅为黄色；后翅发达。鸣声为"句，句，句"，高亢尖锐。

【习性】常栖息于土缝、地面落叶、杂草等暗处。

【分布】国内广泛分布；国外分布于日本、非洲、法国、德国、哈萨克斯坦、伊朗、阿富汗、巴基斯坦、印度、孟加拉国等。

【注】又名花镜、画镜等，常为活体饲料。

①雄性　②雌性

中华斗蟋 *Velarifictorus micado* Saussure, 1877

【鉴别特征】体长 13.0~18.0 mm，体黑褐色。后头有 6 条黄色短纵纹，两侧单眼之间具 1 条中间狭两端宽的黄色横带，中单眼处有一小黄斑点。前胸背板横长方形，具淡黄色斑纹。具翅二型现象，长翅型个体后翅发达，长于腹部末端；短翅型个体后翅退化，仅见极短残翅。雄性前翅发音镜斜长方形，末端圆，鸣声为"句，句，句"。雌性前翅短于腹部末端，后翅超过腹端，产卵瓣长于后足股节。

【习性】常栖息于地面、土堆、石块和墙隙中。

【分布】国内广泛分布；国外分布于日本、朝鲜半岛、俄罗斯等。

【注】又名迷卡斗蟋、白虫等。

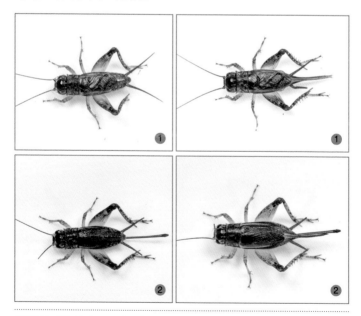

①雄性(左: 短翅型, 右: 长翅型)　②雌性(左: 短翅型, 右: 长翅型)

长颚斗蟋 *Velarifictorus aspersus* Walker, 1869

【鉴别特征】体长 13.0~18.0 mm，本种与中华斗蟋相似，区别：本种雄性上颚狭长，颜面两侧略向内凹，鸣声为"唧，唧，唧"，较尖细；雌性产卵管较中华斗蟋短而上翘。

【习性】常栖息于地面、土堆、石块和墙隙中。

【分布】国内分布于天津、北京、河北、甘肃、陕西、山东、河南、江苏、浙江、上海、安徽、江西、四川、贵州、广东、广西、福建、云南、海南等；国外分布于印度、斯里兰卡、泰国、马来西亚、日本、朝鲜半岛等。

①雌性

长颚斗蟋与中华斗蟋的区别

上颚狭长

上颚宽短

②雄性（左：长颚斗蟋，右：中华斗蟋）

丽斗蟋 *Velarifictorus ornatus* (Shiraki, 1911)

【鉴别特征】体长 10.0~15.0 mm，本种与中华斗蟋相似，区别：本种体型较小，复眼间的额线细而不明显，鸣声为"吉，吉"，有明显的停顿。

【习性】常栖息于地面、土堆、石块和墙隙中。

【分布】国内分布于天津、山东、江苏、浙江、上海、江西、四川、贵州、云南等；国外分布于日本、朝鲜半岛等。

① 雄性

东方特蟋 *Turanogryllus eous* Bey-Bienko, 1956

【鉴别特征】体长 10.0~16.5 mm，体黑褐色。头部侧面观背面强倾斜，面部圆凸，单眼排列呈三角形，侧单眼间缺淡色横条纹。前胸背板具绒毛，褐色。雄性前翅镜膜具分脉，斜脉 4 条，鸣声为略带颤音的"句，句，句"。雌性左右翅较分开，产卵瓣矛状，长于后足股节。

【习性】常栖息于地面、土堆、石块、杂草丛和墙隙中。

【分布】天津、陕西、山东、河南、江苏等。

【注】又名青蛉。

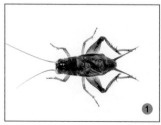 

① 雄性　② 雌性（短翅型）

黄脸油葫芦 *Teleogryllus emma* (Ohmachi & Matsuura, 1951)

【鉴别特征】体长 22.0~25.0 mm，体褐色或黑褐色。头顶黑色，复眼上方具"人"字形淡黄色眉状纹。前胸背板黑褐色，具左右对称的淡色斑纹。雄性前翅黑褐色具油光，长达尾端，发音镜近长方形，鸣声为"吉，吕吕吕吕"。雌性前翅长达腹端，后翅发达伸出腹端，产卵瓣长于后足股节。

【习性】常栖息在杂草丛中。

【分布】国内分布于天津、北京、河北、山西、陕西、山东、河南、江苏、安徽、江西、四川、湖南、贵州、福建、广东、广西、云南等；国外分布于日本等。

【注】又名黑虫，经人工培育后有许多变异品种。

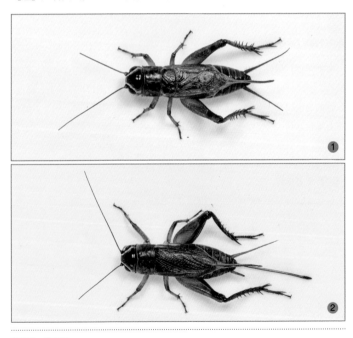

①雄性 ②雌性

银川油葫芦 *Teleogryllus infernalis* (Saussure, 1877)

【鉴别特征】体长 12.5~25.0 mm，体黑色或黑褐色。本种与黄脸油葫芦相似，区别：本种复眼上方无"人"字形眉状纹，触角窝上方具 1 对黄白色眉状斑；前胸背板被黄色密毛；后足胫节内侧具 5 枚背距，外侧具 5~6 枚背距；鸣声为"句，句，句""句句，句句"或"句句句，句句句"。

【习性】常栖息于砖石下、草地及农田、果园等环境。

【分布】国内分布于天津、北京、河北、山西、内蒙古、黑龙江、辽宁、宁夏、陕西、甘肃、青海、新疆、山东、河南、四川等；国外分布于日本、朝鲜半岛、俄罗斯、蒙古等。

①雄性

**多伊棺头蟋** *Loxoblemmus doenitzi* Stein, 1881

【鉴别特征】体长 15.0~20.0 mm，体黑褐色。雄性头顶明显向前突出，两侧呈角形向外突出，鸣声为"则，则，则"，停顿后往复。雌性头顶及两侧不突出，头面稍凸，多数个体后翅较短，少数个体后翅长于腹部。

【习性】常栖息于地面、土堆、石块、杂草丛和墙隙中。

【分布】国内分布于天津、北京、河北、山西、辽宁、陕西、山东、河南、安徽、江苏、浙江、上海、四川、广西等；国外分布于日本等。

【注】又名大棺头蟋。

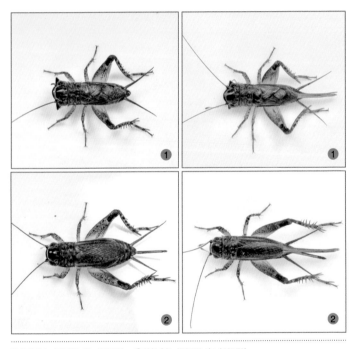

①雄性（左：短翅型，右：长翅型）　②雌性（左：短翅型，右：长翅型）

石首棺头蟋 *Loxoblemmus aomoriensis* Shiraki, 1930

【鉴别特征】 体长 12.0~16.0 mm，体浅褐色至黑褐色。雄性头顶呈半圆形突出，两侧不突出，颜面斜截状，鸣声为"吉，吉，吉"，停顿后往复。雌性前翅较短，产卵瓣较长，剑状。

【习性】 常栖息于地面、土堆、石块、杂草丛和墙隙中。

【分布】 国内分布于天津、北京、山东、江苏、浙江、上海、安徽、福建等；国外分布于日本等。

【注】 又名小棺头蟋。

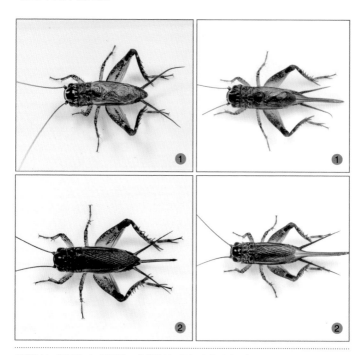

①雄性(左: 短翅型, 右: 长翅型)　②雌性(左: 短翅型, 右: 长翅型)

短翅灶蟋 *Gryllodes sigillatus* (Walker, 1869)

【鉴别特征】体长 12.0~15.0 mm，体黄褐色，被较密的细绒毛。头部小于前胸背板前缘之宽。前胸背板横宽，淡黄色，前部具不规则的褐色斑纹，后缘有 1 条褐色宽横带。雄性前翅短，通常仅为腹部长度的 1/3，尾须长于后足股节，鸣声为较清脆的"唧，唧，唧"。雌性具平直的剑状产卵瓣，前翅退化呈三角形，长翅型个体前翅发达。

【习性】常栖息于田野草石、土隙间、洞穴口附近以及农舍灶台、火炕、火墙的缝隙处。

【分布】国内分布于天津、北京、河北、河南、江苏、浙江、福建等；国外分布于日本、朝鲜半岛、印度、孟加拉国、巴基斯坦、马来西亚、墨西哥等。

①雄性　②雌性（左：短翅型，右：长翅型）

青树蟋 *Oecanthus euryelytra* Ichikawa, 2001

【鉴别特征】体长 13.0~15.0 mm，体淡绿色。触角丝状，长度约为体长的 2 倍。雄性前翅前狭后宽，发音膜大而明显，椭圆形，内有两条横脉，尾须两根，端部微弯，布满绒毛，鸣声为略沉闷的"句，句，句"。雌性前翅狭长，产卵器平直，剑状。

【习性】常栖息于树上或草丛中。

【分布】国内广泛分布；国外分布于日本、朝鲜半岛等。

【注】又名青竹蛉。

①雄性　②雌性

## 蛛蟋科 Phalangopsidae
### 日本钟蟋 *Meloimorpha japonica* (de Haan, 1842)

【鉴别特征】体长 12.0~15.0 mm，体黑色，扁平。触角浅棕、白、黑三色。前胸背板前窄后宽。各足股节基部淡褐色，其余部分黑色。雌雄异型。雄性前翅远长于腹部末端，前狭后宽，翅脉色淡，鸣声为"铃，铃，铃"，清脆而颤抖。雌性前翅似枯叶，背区脉呈不规则网状，产卵器约与后足股节等长。

【习性】常栖息于地表落叶和瓦片等覆盖物之下、阴暗的墙缝、树根裂缝等潮湿环境。

【分布】国内分布于天津、北京、山东、河南、江苏、浙江、上海、湖南、广西、福建、台湾、海南等；国外分布于日本等。

【注】又名马蛉、金钟儿等，是常见的鸣虫种类之一，饲养玩赏者众多。

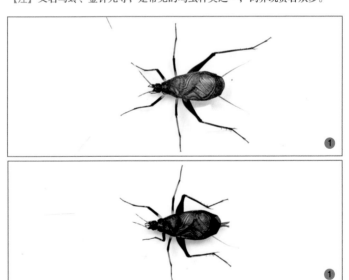

①雄性（上：短翅型，下：长翅型）

## 蛉蟋科 Trigonidiidae
### 斑翅灰针蟋 *Polionemobius taprobanensis* Walker, 1869

【鉴别特征】体长 4.5~5.2 mm，体黄褐色，小型，密被短绒毛并杂有较长的刚毛。后头具 6 条褐色纵纹。雄性前翅伸达腹端，后翅退化，少数个体具长翅，鸣声为连续的"吱"，略有短停顿。雌性前翅略过腹部中央，后翅退化，部分个体后翅发达，产卵瓣剑状，端瓣较细长。

【习性】常栖息于疏草丛、石岩缝隙、乱石堆、木材堆和田边有杂草的较湿润环境。

【分布】国内分布于天津、北京、河北、山西、黑龙江、辽宁、浙江、上海、江西、四川、湖南、湖北、贵州、广西、云南、海南、台湾等；国外分布于印度、越南、印度尼西亚等。

【注】又名草蛉。

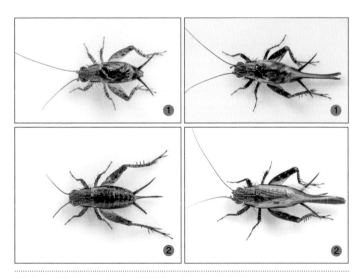

①雄性（左：短翅型，右：长翅型）　②雌性（左：短翅型，右：长翅型）

黄角灰针蟋 *Polionemobius flavoantennalis* (Shiraki, 1911)

【鉴别特征】体长 5.0~5.2 mm，体黑色。头部黑褐色，触角基部黑色，中部白色，末端黑褐色。胸部刚毛丰富。足黄褐色或浅褐色，后足股节具黑斑。鸣声为连续的"唧唧唧"。

【习性】常栖息于落叶层下。

【分布】国内分布于天津、山东、江苏、浙江、上海、江西、贵州、台湾等；国外分布于日本等。

【注】又名寒蛉。

①雄性　②雌性

斑腿双针蟋 *Dianemobius fascipes* (Walker, 1869)

【鉴别特征】体长 5.0~7.0 mm，体黑褐色。头后部具 5 条暗褐色纵纹，下颚须第 5 节灰白色，端部暗色。前胸背板背面淡黄褐色至暗褐色，具刚毛。前、中足股节黑白相间，后足股节外侧具 3 条黑褐色横带，各足胫节具黑褐色环纹。雄性前翅镜膜较小，鸣声为"嗞，嗞，嗞"，间隙较斑翅灰针蟋多。雌性前翅只达腹部一半，产卵瓣较平直，端瓣尖锐。

【习性】常栖息于疏草丛、石岩缝隙、乱石堆、木材堆和田边有杂草的较湿润环境。

【分布】国内分布于天津、北京、河北、甘肃、陕西、山东、河南、浙江、上海、江西、安徽、湖北、湖南、四川、贵州、福建、广东、广西、海南、西藏、台湾等；国外分布于日本、东南亚、南亚等。

【注】又名斑蛉。

①雄性　②雌性

白须双针蟋 *Dianemobius furumagiensis* (Ohmachi & Furukawa, 1929)

【鉴别特征】体长 6.5~7.5 mm，本种与斑腿双针蟋相似，区别：本种头部背面及前胸背板黑色，鸣声为连续的"唧唧唧唧"。

【习性】常栖息于水边的石缝中。

【分布】国内分布于天津、山西、内蒙古、浙江、四川、广西等；国外分布于日本、越南等。

【注】又名水蛉。

①雄性

# 革翅目 Dermaptera

## 球螋科 Forficulidae

异螋 *Allodahlia scabriuscula* (Serville, 1839)

【鉴别特征】 体长 17.0~30.0 mm（含尾铗），体粗壮，黑褐色。前胸背板横宽，背面前部有 5 条纵向瘤突，遍布密刻点。鞘翅肩部较圆，后缘波曲，鞘翅表面具小瘤突，散布少量较大刻点和粗糙皱纹。腹部稍平伸，表面密布细小刻点，侧瘤明显。雄性尾铗基部明显弯曲，端部稍向内侧弯曲，内缘有一小齿；雌性尾铗简单平直。

【习性】 常栖息于朽木、落叶堆、石缝等潮湿环境。

【分布】 国内分布于天津、北京、河北、甘肃、四川、重庆、湖北、湖南、广东、广西、云南、西藏、台湾等；国外分布于缅甸、不丹、印度、越南、印度尼西亚等。

①雄性　②雌性

**克乔球螋** *Timomenus komarovi* (Semenov, 1901)

【鉴别特征】体长 17.0~28.0 mm（含尾铗），体红褐色，稍具光泽。触角 13节，基节呈棍棒形。鞘翅棕红色。腹部第 3~4 节背面两侧各有一瘤突。足细长，股节较粗。雄性尾铗细长，内缘具 2 个齿突，中部之后呈弧形。雌性尾铗平直，基部较宽，顶端较尖。

【习性】常栖息于山区潮湿阴暗的地表或植物上。

【分布】国内分布于天津、山东、安徽、湖北、湖南、四川、福建、海南、台湾等；国外分布于朝鲜半岛等。

①雄性　②雌性

## 肥螋科 Anisolabididae
### 肥螋 *Anisolabis maritima* (Borelli, 1832)

【鉴别特征】体长 17.5~28.0 mm（含尾铗），体黑色或暗褐色，稍具光泽。触角棒状，18~22 节。前胸背板长大于宽，前部较窄，具明显中缝。前、后翅消失。雄性尾铗短粗，两支不对称，一支弧形弯曲强于另一支。雌性尾铗直而强大，端部尖锐。

【习性】常栖息于树皮缝隙、枯朽腐木中或落叶堆下等阴暗潮湿的环境。

【分布】国内分布于天津、北京、河北、江苏、四川、湖北、湖南、福建、广东、贵州等；国外分布于日本、东南亚、非洲等。

①成虫

# 半翅目 Hemiptera

## 蝉科 Cicadidae

### 蟪蛄 *Platypleura kaempferi* (Fabricius, 1794)

【鉴别特征】体长 20.0~25.0 mm，翅展 65.0~70.0 mm，体黑色或橄榄绿色，体背覆盖银灰色毛。前胸背板向两侧扩张，呈钝角。前翅透明具灰黑色或褐色斑纹，后翅黑色短小，外缘透明。鸣声为连续的"喺"。

【习性】成虫栖息于树干上，若虫栖息于树根附近的土壤中。寄主为杨、柳、悬铃木、槐、苹果、梨、桃、杏、李、核桃、柿、桑等多种树木。

【分布】国内分布于天津、北京、河北、山西、辽宁、陕西、山东、河南、江苏、浙江、上海、江西、湖南、广东、福建、海南、台湾等；国外分布于日本、朝鲜半岛、俄罗斯、马来西亚等。

①成虫

**毛蟪蛄** *Suisha coreana* (Matsumura, 1927)

【鉴别特征】体长 21.5~23.5 mm，翅展 65.0~70.0 mm，本种与蟪蛄相似，区别：本种全身密被白色长毛，后翅半部黄色，鸣声为"哧"，有明显的停顿。

【习性】成虫栖息于树干上，发生期为 9—11 月。

【分布】国内分布于天津、陕西、甘肃、江苏、浙江、湖南等；国外分布于日本、朝鲜半岛等。

①雌性（上：背面，下：腹面）

黑蚱蝉 *Cryptotympana atrata* (Fabricius, 1775)

【鉴别特征】体长 40.0~48.0 mm，翅展 122.0~125.0 mm，体黑褐色至黑色，有光泽，披金色细毛。头部中央和平面的上方有红黄色斑纹。复眼突出，淡黄色，单眼 3 个，呈三角形排列，触角刚毛状。中胸背面宽大，中央高突，有"X"形突起。翅透明，基部翅脉金黄色。前足股节有齿刺。雄性腹部第 1、第 2 节有鸣器，鸣声为连续的"吱"。雌性腹部有发达的产卵器。

【习性】成虫栖息于树干上，若虫栖息于树根附近的土壤中。寄主为槐、榆、桑、白蜡、桃、柑橘、梨、苹果、樱桃、杨、柳、洋槐等。

【分布】国内分布于天津、北京、河北、陕西、山东、河南、江苏、浙江、上海、安徽、湖南、四川、贵州、福建、广东、云南、台湾等；国外分布于日本、朝鲜半岛、东南亚等。

①成虫

### 斑透翅蝉 *Hyalessa maculaticollis* (Motschulsky, 1866)

【鉴别特征】体长 30.0~36.0 mm，翅展 105.0~115.0 mm，体暗绿色，有黑斑纹，局部具白蜡粉。复眼大，暗褐色，单眼 3 个红色，呈三角形排列于头顶。中胸背板具"W"形凹纹。翅透明，翅脉黄褐色；前翅横脉上有暗褐色斑，外缘脉端具淡褐色斑。鸣声为"呜嘤，呜嘤，呜嘤——哇——"。

①成虫

【习性】成虫栖息于树干上，若虫栖息于树根附近的土壤中。寄主为榆、杨、桃、苹果、梨、花椒、山楂、刺槐、香椿等。

【分布】国内分布于天津、北京、河北、辽宁、山东、陕西、甘肃、浙江、江西、四川、贵州等；国外分布于日本、朝鲜半岛等。

【注】又名鸣鸣蝉。

### 蒙古寒蝉 *Meimuna mongolica* (Distant, 1881)

【鉴别特征】体长 28.0~35.0 mm，翅展 82.0~90.0 mm，体灰褐色，具绿色斑。头部绿色，单眼和复眼均为红褐色，头顶前侧缘有 1 对黑色的宽斜斑。翅透明，前翅第 2、第 3 端室基横脉处有暗褐色斑点，基半部翅脉红褐色，端半部翅脉黑褐色。足绿色，稀被白色长毛和白色蜡粉。鸣声为"伏了，伏了"。

①成虫

【习性】成虫栖息于树干上，若虫栖息于树根附近的土壤中。寄主为杨、柳、槐、桑、合欢、刺槐等。

【分布】国内分布于天津、北京、河北、陕西、甘肃、山东、河南、江苏、浙江、上海、江西、安徽、湖南等；国外分布于朝鲜半岛等。

## 蜡蝉科 Fulgoridae
### 斑衣蜡蝉 Lycorma delicatula (White, 1845)

【鉴别特征】体长 15.0~25.0 mm，翅展 40.0~50.0 mm，体翅灰褐色，表面附有白色蜡粉。前翅基部约 2/3 为淡褐色，翅面具 10~20 个黑斑，端部约 1/3 为深褐色或黑色，翅脉白色。后翅基部一半为鲜红色，具黑斑，端部黑色。雄性翅颜色偏蓝色；雌性翅颜色偏淡黄色，腹部具红色产卵瓣。1~3 龄若虫体黑色，4 龄若虫体红黑相间。

【习性】成虫栖息于树干上，若虫常群集在叶背、嫩梢上，排成一条直线。寄主为葡萄、猕猴桃、苹果、海棠、山楂、桃、杏、李、花椒、臭椿、香椿、黄杨、柳、刺槐等。

【分布】国内广泛分布；国外分布于日本、南亚、东南亚等。

①成虫及卵块　②若虫

## 叶蝉科 Cicadellidae
大青叶蝉 *Cicadella viridis* (Linnaeus, 1758)

【鉴别特征】体长 8.0~10.0 mm，体草绿色。头顶具 1 对黑斑，触角窝上方、两单眼之间有 1 对黑斑。前胸背板淡黄绿色，后半部深青绿色。前翅绿色带有青蓝色泽，前缘淡白，端部透明，翅脉青黄色，具有狭窄的淡黑色边缘；后翅烟黑色，半透明。

【习性】喜潮湿背风处，多集中于生长茂密的农作物或杂草丛中。寄主为杨、柳、白蜡、刺槐、苹果、桃、梨、桧柏、梧桐、扁柏、粟、玉米、水稻、大豆、马铃薯等。

【分布】世界广泛分布。

①成虫

## 黾蝽科 Gerridae
圆臀大黾蝽 *Aquarius paludum* (Fabricius, 1794)

【鉴别特征】体长 10.0~15.0 mm，体黑色，纺锤形。复眼大，深褐色，内侧具 1 个 "V" 形黄斑。前胸背板梯形，前端具黄色纵中线，侧缘具黄色纵带。分长翅型和短翅型：长翅型前翅超过腹部第 7 节，短翅型前翅超过腹部第 3 节。

【习性】常栖息于湖水、池塘、水田和湿地，在水面上划行。

【分布】国内广泛分布；国外分布于日本、朝鲜半岛、欧洲等。

①成虫

①成虫

### 长蝽科 Lygaeidae
### 角红长蝽 *Lygaeus hanseni* Jakovlev, 1883

【鉴别特征】体长 8.0~9.0 mm，体红灰色。头部灰黑色，背面中线红色。前胸背板灰黑色，中线及两侧红色，中线两侧各有一黑斑。前翅膜片黑色，边缘白色，基部具白色不规则横纹，中央具一圆形白斑。

【习性】寄主为板栗、小麦、玉米、月季、落叶松、油松等。

【分布】国内分布于天津、北京、河北、内蒙古、黑龙江、吉林、辽宁、甘肃等；国外分布于俄罗斯、蒙古等。

### 大眼长蝽 *Geocoris pallidipennis* (Costa, 1843)

【鉴别特征】体长 2.9~3.7 mm，头部三角形，黑色，中部两侧有 1 对小白斑。复眼大而突出。前胸背板大部分黑色，两侧淡黄褐色。前翅革片内角处有一小黑斑，革片内缘有 3 列刻点，外缘具 1 列刻点。足黑褐色，股节两端色渐淡。

【习性】常捕食蚜、粉虱、叶蝉等多种小型昆虫，也吸食植物汁液。

【分布】国内分布于天津、北京、河北、山西、陕西、山东、河南、浙江、江西、湖北、湖南、四川、安徽、贵州、云南、西藏等；国外分布于蒙古、俄罗斯等。

①成虫

## 红蝽科 Pyrrhocoridae

**地红蝽** *Pyrrhocoris sibiricus* Kuschakevich, 1866

【鉴别特征】体长 8.0~11.0 mm，前胸背板近方形，刻点较密。中胸侧板后缘棕黑色。小盾片顶端具刻点。

【习性】寄主为草本和禾本科植物。

①成虫

【分布】国内分布于天津、北京、河北、内蒙古、辽宁、山东、江苏、浙江、上海、湖南、西藏等；国外分布于日本、朝鲜半岛等。

## 网蝽科 Tingidae

**悬铃木方翅网蝽** *Corythucha ciliata* (Say, 1832)

【鉴别特征】体长 3.3~3.7 mm，体乳白色，在两翅基部隆起处的后方有褐色斑。头兜发达，盔状。头兜、侧背板、中纵脊和前翅表面的网肋上密生小刺，侧背板和前翅外缘的刺列十分明显。前翅显著超过腹部末端，静止时前翅近长方形。足细长，淡黄色。

【习性】常群集在叶片背面。成虫在寄主树皮下或树皮裂缝内越冬。寄主主要为悬铃木。

【分布】国内分布于天津、北京、山东、河南、江苏、浙江、上海、江西、湖北、湖南、重庆、贵州等；国外分布于朝鲜半岛、欧洲、北美洲等。

①成虫

## 蛛缘蝽科 Alydidae

### 点蜂缘蝽 *Riptortus pedestris* (Fabricius, 1775)

【鉴别特征】体长 15.0~17.0 mm，体狭长，黄褐色至黑褐色，被白色细绒毛。头、胸部两侧的黄色斑纹呈点斑状或消失。前胸背板及胸侧板具许多不规则的黑色颗粒，后缘有 2 个弯曲，侧角呈刺状。前翅膜片淡棕褐色，稍长于腹末。后足股节粗大，有黄斑，内侧具数枚小齿，后足胫节向背面弯曲。腹部侧接缘稍外露，黄黑相间。

【习性】寄主为多种豆科植物，以及水稻、麦类、高粱、玉米、紫穗槐、桑等。

【分布】国内分布于天津、北京、河北、山西、陕西、山东、浙江、安徽、江西、广西、四川、湖北、贵州、福建、云南、西藏等；国外分布于印度、缅甸、印度尼西亚等。

①成虫　②若虫

## 缘蝽科 Coreidae
**钝肩普缘蝽** *Plinachtus bicoloripes* Scott, 1874

【鉴别特征】 体长 15.0~17.0 mm，体棕黑色或黑褐色，腹面黄色或绿色，具黑斑。前胸背板侧角形状多样，刺状，或不明显，或处于中间类型。足股节基部红色或浅色，中部白色，或股节两端黑色。腹部背面黄色具黑斑。

【习性】 寄主为柳、白杜、黄栌、丝棉木、大叶黄杨等。

【分布】 国内分布于天津、北京、河北、山西、辽宁、陕西、甘肃、江苏、浙江、江西、四川、湖北、云南等；国外分布于日本等。

①成虫 ②若虫

①成虫

**稻棘缘蝽** *Cletus punctiger* (Dallas, 1852)

【鉴别特征】体长 9.5~12.0 mm，体黄褐色，密布黑褐色刻点。头顶中央具短纵沟，触角第 1 节较粗，第 4 节纺锤形。复眼褐红色，单眼红色。前胸背板前缘具黑色颗粒状刻点，侧角细长，稍向上翘，末端黑。前翅外缘基半部具白边。

【习性】寄主为水稻、麦类、玉米、粟、棉花、大豆、柑橘、茶、高粱等。

【分布】国内分布于天津、北京、河北、陕西、山东、河南、江苏、浙江、上海、安徽、江西、湖北、湖南、四川、福建、广东、广西、海南、台湾等；国外分布于日本、朝鲜半岛、印度等。

**暗黑缘蝽** *Hygia opaca* (Uhler, 1860)

【鉴别特征】体长 8.5~10.0 mm，体黑褐色。触角黑褐色，第 4 节端部淡黄褐色。前翅短，不超过腹部末端，膜片翅脉网状。各足基节和跗节淡黄褐色。腹部侧接缘各节基部淡黄褐色。

【习性】成虫、若虫常群聚为害寄主植物。

【分布】国内分布于天津、山西、河南、浙江、上海、江西、湖南、贵州、福建、广西等；国外分布于日本等。

①成虫

## 跷蝽科 Berytidae
### 锤胁跷蝽 *Yemma exilis* Horváth, 1905

①成虫

【鉴别特征】体长 6.9~7.1 mm，体浅黄绿色。眼后具黑色纵纹，触角 4 节，细长，第 4 节明显膨大。前胸背板两侧具彩色斑纹。若虫触角和足具黑色环纹。

【习性】寄主为桃、桑、毛樱桃、构树、榆、泡桐等，也捕食蚜、蓟马等小型昆虫。

【分布】国内分布于天津、北京、河北、陕西、甘肃、山东、河南、浙江、江西、四川、西藏等；国外分布于日本、朝鲜半岛等。

## 同蝽科 Acanthosomatidae
### 伊锥同蝽 *Sastragala esakii* Hasegawa, 1959

【鉴别特征】体长 9.5~11.0 mm，体黄褐色，具较浓密的深棕色刻点。头部黄绿色。前胸背板前部黄绿色，后部褐色，后角突出。小盾片具大型黄白色心形斑。

【习性】常栖息于柞、栎混交林。

【分布】国内分布于天津、河北、河南、江西、四川、重庆、贵州、福建、广西、台湾等；国外分布于日本等。

①成虫

## 负子蝽科 Belostomatidae

日拟负蝽 *Appasus japonicus* (Vuillefroy, 1864)

①成虫

【鉴别特征】体长 21.0~26.0 mm，体暗黄褐色，卵形，背面较平坦，腹面较突出。头部略钝短，向前方突出。小盾片正三角形。前足为捕捉足，中、后足为游泳足，后足特长。腹部末端呼吸管扁平。

【习性】常栖息在河流、湖泊、池塘、水田等静态水域的水草丛间。

【分布】国内分布于天津、北京、河北、黑龙江、江苏、四川、湖北、贵州、广东、广西、云南、海南等；国外分布于日本、朝鲜半岛等。

## 蝎蝽科 Nepidae

中华螳蝎蝽 *Ranatra chinensis* Mayr, 1865

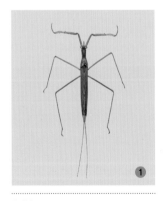

①成虫

【鉴别特征】体长 35.0~43.0 mm，体狭长，黄褐色。前胸背板前叶窄于头部。前足镰刀状，股节腹面 1/2 处只有 1 个显著的长齿状突起，胫节末端腹面具 1 小齿。腹部末端呼吸管近乎与身体等长。

【习性】常栖息在河流、湖泊、池塘、水田等静态水域的水草丛间。

【分布】国内广泛分布；国外分布于日本、朝鲜半岛等。

## 盲蝽科 Miridae
条赤须盲蝽 *Trigonotylus caelestialium* (Kirkaldy, 1902)

【鉴别特征】体长 5.0~6.0 mm，体鲜绿色或浅绿色。头略呈三角形，头顶中央具一纵沟，不达头部中央。触角 4 节，红色，第 1 节具 3 条红色条纹。前胸背板梯形，具 4 个暗色条纹。小盾片黄绿色，三角形。前翅略长于腹部末端，革片绿色，膜片白色透明。足浅绿色或黄绿色，后足胫节末端和跗节红色。

①成虫

【习性】寄主为小麦、水稻、玉米等禾本科植物。

【分布】国内分布于天津、北京、河北、内蒙古、山西、黑龙江、吉林、辽宁、山东、河南、江苏、江西、湖北、四川、云南、陕西、甘肃、宁夏、新疆等；国外分布于朝鲜半岛、欧洲、北美洲等。

## 蝽科 Pentatomidae
蠋蝽 *Arma custos* (Fabricius, 1794)

【鉴别特征】体长 10.0~14.5 mm，体黄褐色或黑褐色，腹面淡黄褐色，密布深色细刻点。触角 5 节，第 3、第 4 节黑色或部分黑色。前胸背板侧缘常具浅色窄边，侧角短而钝。

①成虫

【习性】捕食鳞翅目、鞘翅目等昆虫。

【分布】国内分布于天津、北京、河北、内蒙古、黑龙江、吉林、辽宁、陕西、甘肃、新疆、山东、河南、江苏、浙江、江西、湖南、湖北、四川、贵州、云南等；国外分布于日本、欧洲等。

横纹菜蝽 *Eurydema gebleri* Kolenati, 1846

【鉴别特征】体长 5.5~8.5 mm，体黄色或红色，具黑斑，全体密布刻点。前胸背板具 6 个黑斑。小盾片蓝黑色，具 "Y" 形黄色纹，端部两侧各具 1 个黑斑。

【习性】寄主为萝卜、油菜、芥菜等十字花科植物，也食菊科植物。

【分布】国内广泛分布；国外分布于朝鲜半岛、欧洲等。

①成虫 ②若虫

①成虫

珀蝽 *Plautia fimbriata* (Fabricius, 1787)

【鉴别特征】体长 8.5~12.0 mm，体长卵圆形，具光泽，密被黑色或与体同色的细刻点。头部鲜绿色，复眼棕黑色，单眼棕红色。前胸背板鲜绿色，两侧角圆而稍凸起，后侧缘红褐色。小盾片鲜绿色，末端黄色。前翅革片大部暗红色。足鲜绿色。腹部侧缘后角黑色，腹面淡绿色。

【习性】寄主为水稻、大豆、菜豆、玉米、芝麻、苎麻、茶、柑橘、梨、桃、柿、李、泡桐等。

【分布】国内分布于天津、北京、河北、河南、江苏、浙江、江西、四川、贵州、福建、广东、广西、贵州、云南、海南、西藏等；国外分布于日本、南亚、东南亚等。

赤条蝽 *Graphosoma rubrolineatum* (Westwood, 1837)

【鉴别特征】体长 10.0~12.0 mm，体橙红色，具黑色条纹，体背面密布刻点，体腹面黄色至橙红色，散布黑斑。头部有 2 条黑纹，触角 5 节，黑色，基部 2 节橙黄色。前胸背板两侧外凸，略似菱形，其上有 6 条黑纹。小盾片宽大，具 4 条黑纹。腹部侧缘具黑、橙相间斑纹。

【习性】常栖息在寄主植物的叶片、花蕾及嫩荚上。寄主为胡萝卜、茴香等伞形科植物以及萝卜、洋葱、葱、栎、榆等。

【分布】国内广泛分布；国外分布于日本、朝鲜半岛、俄罗斯等。

①成虫

紫蓝曼蝽 *Menida violacea* Motschulsky, 1861

【鉴别特征】体长 7.0~10.0 mm，体紫蓝色，具金绿色闪光，密布黑色刻点。头部中央近基部有 2 条白色纵细纹。前胸背板前缘及前侧缘黄白色，后区有黄白色宽带。小盾片末端黄白色，散生黑色刻点。前翅膜片稍过腹末。腹部背面黑色，侧接缘有半圆形黄白色斑，腹部腹面基部中央有 1 枚黄色锐刺，伸至中足基节前。

【习性】成虫见于多种树木及草本植物上。寄主为水稻、大豆、玉米、梨、榆、小麦等。

【分布】国内分布于天津、北京、河北、内蒙古、辽宁、陕西、山东、江苏、浙江、江西、湖北、四川、贵州、福建、广东等；国外分布于日本、俄罗斯等。

①成虫

斑须蝽 *Dolycoris baccarum* (Linnaeus, 1758)

【鉴别特征】体长 8.5~13.5 mm，体椭圆形，黄褐色或紫色，密被白绒毛和黑色小刻点。触角黑白相间。小盾片近三角形，末端钝而光滑，黄白色。前翅革片红褐色，膜片黄褐色，透明，超过腹部末端。胸腹部的腹面淡褐色，散布零星小黑点。足黄褐色，股节和胫节密布黑色刻点。

【习性】寄主为小麦、大豆、玉米、甜菜、苜蓿、杨、柳、高粱、菜豆、绿豆、蚕豆、豌豆、茼蒿、甘蓝、黄花菜、棉花、烟草、山楂、苹果、桃、梨等。

【分布】国内广泛分布；国外分布于古北区、北美洲等。

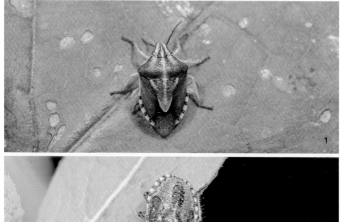

①成虫 ②若虫

**麻皮蝽** *Erthesina fullo* (Thunberg, 1783)

【鉴别特征】体长 20.0~25.0 mm，体黑褐色，密布黑色刻点及细碎不规则黄斑。头部狭长，触角黑色，第 1 节短而粗大，第 5 节基部 1/3 为浅黄色。头部前端至小盾片有 1 条黄色细中纵线。前胸背板前缘及前侧缘具黄色窄边。各股节基部 2/3 浅黄色，两侧及端部黑褐色，各胫节黑色，中段具淡绿色环斑。腹部腹面黑白相间，腹面中央具 1 条纵沟。

【习性】寄主为苹果、枣、李、山楂、柳、榆等。

【分布】国内分布于天津、北京、河北、山西、内蒙古、黑龙江、吉林、辽宁、陕西、甘肃、山东、河南、江苏、浙江、江西、安徽、四川、贵州、湖北、湖南、广东、广西、海南、台湾等；国外分布于日本、南亚、东南亚等。

①成虫 ②若虫

茶翅蝽 *Halyomorpha halys* Stål, 1855

【鉴别特征】 体长 15.0~18.0 mm，体扁椭圆形，淡黄褐色至茶褐色，略带紫红色。前胸背板、小盾片和前翅革质部有黑褐色刻点，前胸背板前缘横列 4 个黄褐色斑点，小盾片基部横列 5 个黄褐色斑点，两侧斑点明显。腹部侧接缘为黑黄相间。

【习性】 寄主为梨、苹果、桃、杏、李、月季、柳、紫薇等。

【分布】 国内除青海外广泛分布；国外分布于日本、朝鲜半岛、印度、越南、缅甸、斯里兰卡、印度尼西亚等，现已入侵美国、加拿大、瑞士、法国、意大利、匈牙利、希腊等。

①成虫　②若虫

## 盾蝽科 Scutelleridae
### 金绿宽盾蝽 *Poecilocoris lewisi* (Distant, 1883)

【鉴别特征】体长 13.5~15.5 mm，体宽椭圆形，金绿色，具金属光泽。触角蓝黑色。前胸背板和小盾片有玫红色条状斑纹。腹面黄色。

【习性】寄主为葡萄、松、枫杨、臭椿、侧柏等。

【分布】国内分布于天津、北京、河北、陕西、山东、江西、四川、贵州、云南、台湾等；国外分布于日本等。

①成虫　②若虫

荔蝽科 Tessaratomidae
硕蝽 *Eurostus validus* Dallas, 1851

【鉴别特征】体长 23.0~34.0 mm，体棕褐色，具亮绿色金属光泽。触角基部 3 节深褐色，第 4 节除基部外均为橙黄色。前胸背板前缘至侧缘及小盾片侧缘亮绿色。足深褐色，后足粗壮，股节具刺。腹部背面侧缘亮绿色，腹面亮绿色，侧缘赭褐色。

【习性】寄主为板栗、麻栎、梧桐、油桐、乌桕等。

【分布】国内分布于天津、北京、河北、内蒙古、陕西、山东、河南、浙江、江西、安徽、湖北、湖南、四川、福建、贵州、广东、广西、云南、台湾等；国外分布于越南、缅甸等。

①成虫

① 

### 猎蝽科 Reduviidae

#### 淡带荆猎蝽 *Acanthaspis cincticrus* Stål, 1859

【鉴别特征】体长 13.0~15.5 mm，体黑褐色至黑色。复眼褐色至褐黑色。前胸背板前叶具瘤，侧角刺状，侧角刺及基部的斑、后叶中部的 2 个斑（有时 2 个斑相连）、侧接缘各节端部 1/2 浅黄色至黄色。小盾片中后部中央凹陷，端刺较粗。革片上的斜带白色至黄白色。足黑色，各足股节及胫节具浅黄色至黄色的环纹。雄性前翅近达腹部末端。雌性一般为短翅型，其前翅仅达第 5 或第 6 腹节背板中部。

【习性】喜食蚂蚁，若虫会将蚂蚁的尸体背负在身上，用以伪装。

【分布】国内分布于天津、北京、河北、山西、内蒙古、辽宁、陕西、甘肃、山东、河南、江苏、浙江、江西、安徽、湖北、湖南、贵州、广西、云南等；国外分布于印度、缅甸、日本、朝鲜半岛等。

② 

①若虫　②成虫

蚜科 Aphididae
萝藦蚜 *Aphis asclepiadis* Fitch, 1851

【鉴别特征】体长 1.0~2.0 mm，无翅孤雌蚜体金黄色。触角黑色。足黄色，股节端、胫节端和跗节黑色。腹部筒形，腹管黑色，尾片舌状，黑色。

【栖息环境】寄主为萝藦、地梢瓜、白薇、牛皮消。

【分布】国内分布于天津、北京、河北、山西、吉林、山东、河南等；国外分布于北美洲、南美洲等。

①成虫

## 珠蚧科 Margarodidae
### 草履蚧 Drosicha corpulenta (Kuwana, 1902)

【鉴别特征】雄性体长 5.0~6.0 mm，翅展约 10.0 mm，雌性体长 7.8~10.0 mm，雌雄异型。雄性体紫红色。头部和前胸红紫色。触角除基部 2 节外，其他各节生有长毛。翅 1 对，淡黑色至紫蓝色，前缘脉红色。足黑色。雌性体椭圆形，形似草鞋，背略突起，腹面平，体背暗褐色，边缘橘黄色，背中线淡褐色。体分节明显，胸背可见 3 节，腹背 8 节，多横皱褶和纵沟，体被细长的白色蜡粉。触角和足亮黑色。

【习性】寄主为核桃、桃、梨、苹果、杏、柑橘、刺槐、白蜡、杨、柳等。

【分布】国内广泛分布；国外分布于日本等。

①雄性　②雌性

## 蜡蚧科 Coccidae
### 白蜡蚧 *Ericerus pela* (Chavannes, 1848)

【鉴别特征】雄性体长约 2.0 mm，翅展约 5.0 mm，雌性体长 1.5~10.0 mm，雌雄异型。雄性前翅近于透明，有虹彩闪光，后翅为平衡棒。触角 7 节。腹部灰褐色，尾部 2 根白色蜡丝。雌性无翅，初成熟时背部隆起呈蚌壳状，背面淡红褐色，散生淡黑色大小不等的斑点，覆盖一层较薄的白色蜡层，交尾后体逐渐膨大呈半球形。

【习性】寄主主要为女贞、白蜡等木犀科植物。

【分布】国内分布于天津、北京、河北、内蒙古、黑龙江、吉林、辽宁、山东、陕西、河南、江苏、浙江、江西、安徽、四川、贵州、云南、湖北、湖南、广东、广西等；国外分布于日本、朝鲜半岛、俄罗斯等。

【注】又名白蜡虫，雄性若虫会分泌蜡质，将寄主植物包裹，形成白色的"蜡棒"，古人又将其命名为"蜡花"。白蜡蚧在我国被人工养殖与利用已 3 000 余年，古人将雄若虫分泌的蜡质加工后可从中提取白蜡，用于制作蜡烛、铸模、化妆品等。后传入西方，被称为中国蜡。但在非产蜡区，白蜡蚧是一种园林害虫。

①雄性寄生状　②雌性

# 脉翅目 Neuroptera

草蛉科 Chrysopidae

日本通草蛉 *Chrysoperla nipponensis* (Okamoto, 1914)

【鉴别特征】体长 9.5~10.0 mm，翅展 25.0~30.0 mm，体黄绿色。头部淡黄色，两侧具黑色颊斑和唇基斑。胸部和腹部背面两侧淡绿色，中央有黄色纵带。足黄绿色，胫节端、跗节和爪褐色。

【习性】常栖息于桃、樱、槐等多种植物上，捕食多种蚜、蚧等。

【分布】国内分布于天津、北京、河北、山西、内蒙古、黑龙江、吉林、辽宁、陕西、甘肃、山东、江苏、浙江、湖北、四川、贵州、福建、广东、广西、云南等；国外分布于日本、朝鲜半岛、俄罗斯、蒙古、菲律宾等。

①成虫

丽草蛉 *Chrysopa formosa* Brauer, 1851

【鉴别特征】体长 9.0~10.0 mm，翅展 25.0~30.0 mm，体绿色。头部有 9 个黑色斑纹。触角黄褐色，比前翅短。前胸背板中部有一横沟，两侧有褐色斑。中胸和后胸背面也有褐斑，但常不显著。翅端较圆，翅痣黄绿色，前后翅的前缘横脉列的大多数均为黑色，径横脉列仅上端一点为黑色，所有的阶脉为绿色，翅脉上有黑毛。足绿色，胫节及跗节黄褐色。腹部绿色，密生黄毛。

【习性】主要捕食多种蚜虫，如棉蚜。

【分布】国内除海南、广西外广泛分布；国外分布于日本、朝鲜半岛、蒙古、欧洲等。

①成虫

## 蚁蛉科 Myrmeleontidae
褐纹树蚁蛉 *Dendroleon pantherinus* (Fabricius, 1787)

【鉴别特征】体长 15.0~25.0 mm，翅展 45.0~55.0 mm，头部黄褐色，额中央触角基部为褐色；触角黄褐色，末端膨大部分为黑色，膨大部前有一小段淡色。胸部背面黄褐色，中央有褐色纵带。翅透明，具明显花斑。前翅褐斑多，分布在翅尖及后缘，以后缘中央的弧形纹和下面的褐斑最为醒目。后翅则褐斑较前翅少，均在翅端部。足黄褐色具黑斑。腹部黄褐色，第 2 节黑色，第 3 节大部分黑褐色。

【习性】幼虫常栖息于墙角处等，成虫偶见于楼道和室内。

【分布】国内分布于天津、北京、河北、陕西、甘肃、宁夏、山东、江苏、浙江、上海、江西、湖北、福建等；国外分布于欧洲等。

①成虫

# 鞘翅目 Coleoptera
天牛科 Cerambycidae
红缘亚天牛 *Anoplistes halodendri* (Pallas, 1776)

【鉴别特征】体长 15.0~19.5 mm，体黑色，狭长，被细长灰白色毛。头短，刻点密且粗糙，被浓密深色毛。触角细长，11 节，超过体长。前胸宽略大于长，侧刺突短而钝。鞘翅基部各有 1 个朱红色椭圆形斑，外缘有 1 条朱红色窄条，常在肩部与基部椭圆形斑相连。

【习性】寄主为苹果、葡萄、桃、梨、槐、榆、臭椿等。

【分布】国内分布于天津、北京、河北、山西、内蒙古、黑龙江、吉林、辽宁、陕西、甘肃、宁夏、山东、河南、江苏、浙江、四川、贵州、湖南、广西、新疆、台湾；国外分布于蒙古、朝鲜半岛、俄罗斯等。

①成虫

## 桃红颈天牛 *Aromia bungii* (Faldermann, 1835)

【鉴别特征】体长 28.0~37.0 mm，体黑色，具光泽。前胸背板红色，背面有
4 个光滑疣突，两侧具角状侧枝刺。鞘翅光滑，基部比前胸宽，端部渐狭。
雄性触角超过体长 4~5 节，雌性超过 1~2 节。

【习性】寄主为桃、杏、樱桃、梅、柳、杨、栎、柿、核桃、花椒等。

【分布】国内分布于天津、北京、河北、内蒙古、辽宁、陕西、甘肃、山东、
河南、江苏、浙江、上海、四川、重庆、云南、贵州、湖南、湖北、福建、安徽、
广东、广西、海南等；国外分布于朝鲜半岛等。

①雄性　②雌性

## 双斑锦天牛 *Acalolepta sublusca* (Thomson, 1857)

【鉴别特征】体长 11.0~23.0 mm，体栗褐色。前胸密被棕褐色具丝光绒毛。鞘翅密被光亮淡灰色绒毛，翅基部中央具一圆形或近方形黑褐斑，肩下侧缘有 1 个黑褐色长斑，翅中部之后处有一丛侧缘至鞘缝的棕褐色宽斜纹。雄性触角超过体长一倍，腹末节后缘平切。雌性触角超出体长一半，腹末节后缘中央微内凹。

【习性】寄主为大叶黄杨、卫矛等。

【分布】国内分布于天津、北京、河北、陕西、山东、河南、江苏、浙江、上海、安徽、四川、江西、湖北、广西等；国外分布于越南、老挝、缅甸、马来西亚等。

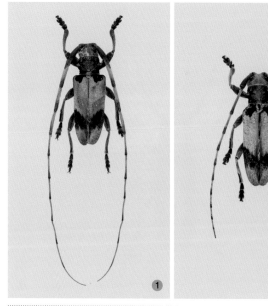

①雄性　②雌性

麻竖毛天牛 *Thyestilla gebleri* (Faldermann, 1835)

【鉴别特征】体长 10.0~15.0 mm，体色变异较大，从浅灰到棕黑色，体表有浓密的细短竖毛。头和腹部灰白色。前胸背板有 3 条灰白色直纹，中央 1 条，两侧各 1 条。两翅自肩的基部外边缘向下各有 1 条灰白色条纹直达端区，但不至端末，沿两翅的中缝也有 1 条灰白色条纹，通过末端弯向外边缘。

【习性】寄主为大麻、芝麻、棉花、蓟等。

【分布】国内分布于天津、北京、河北、山西、内蒙古、黑龙江、吉林、辽宁、陕西、宁夏、山东、河南、江苏、浙江、安徽、江西、湖北、四川、贵州、福建、广西、广东、台湾等；国外分布于蒙古、日本、朝鲜半岛、俄罗斯等。

①成虫

## 星天牛 *Anoplophora chinensis* (Förster, 1771)

【鉴别特征】体长 28.0~45.0 mm，体黑色，具金属光泽。头部和身体腹面被银白色和部分蓝灰色细毛。触角第 1、第 2 节黑色，其余各节基部 1/3 处有淡蓝色环毛，其余部分黑色。前胸背板两侧具尖锐粗大的侧刺突。鞘翅基部密布黑色小颗粒，鞘翅白斑排成 5 横行，变异很大。雄性触角超过身体 4~5 节，雌性触角超过身体 1~2 节。

【习性】寄主为杨、柳、榆、枣、板栗、紫薇、悬铃木、柑橘等。

【分布】国内广泛分布；国外分布于日本、朝鲜半岛等。

【注】又名中华星天牛、华星天牛等。

①成虫

光肩星天牛 *Anoplophora glabripennis* (Motschulsky, 1853)

【鉴别特征】体长 22.0~36.0 mm，本种与星天牛相似，区别：本种鞘翅基部光滑，无瘤状颗粒。

【习性】寄主为杨、柳、元宝槭、榆、桑、李等。

【分布】国内广泛分布；国外分布于日本、朝鲜半岛等，现已入侵美国。

星天牛与光肩星天牛的区别

①雄性 ②雌性 ③星天牛，鞘翅基部有瘤状颗粒 ④光肩星天牛，鞘翅基部无瘤状颗粒

双簇污天牛 *Moechotypa diphysis* (Pascoe, 1871)

【鉴别特征】体长 16.0~22.0 mm，体黑色。前胸背板及鞘翅有许多瘤状突起，鞘翅瘤突上常被黑色绒毛，鞘翅基部 1/5 处各有一丛黑色长毛，极为明显。

【习性】寄主为栗、栎等。

【分布】国内分布于天津、北京、河北、内蒙古、黑龙江、吉林、辽宁、陕西、河南、安徽、江西、浙江、湖北、湖南、重庆、贵州、广西等；国外分布于日本、朝鲜半岛、俄罗斯等。

①成虫

四点象天牛 *Mesosa myops* (Dalman, 1817)

【鉴别特征】体长 10.0~14.0 mm，体短阔，黑色，被灰色短绒毛，并杂有黄色或金黄色毛斑。前胸背板具4个黑色毛斑，黑斑两侧镶有黄色或金黄色毛斑。鞘翅上有许多黄色和黑色斑点。体腹面及足有灰白色长毛。雄性触角超出体长 1/3，雌性触角与身体等长。

【习性】寄主为苹果、漆树、杨、柳、榆、山楂、枣等。

【分布】国内分布于天津、北京、河北、黑龙江、辽宁、内蒙古、陕西、甘肃、青海、山东、河南、浙江、安徽、四川、贵州、广东、台湾等；国外分布于日本、朝鲜半岛、欧洲等。

①成虫

## 桑脊虎天牛 *Xylotrechus chinensis* Chevrolat, 1852

【鉴别特征】体长 15.0~24.0 mm，体黄色，腹面黑褐色。头部被黄绒毛，触角棕褐色。前胸背板最前端有 1 黄色横条，中央红黑相间，基部中央具 1 黄斑。小盾片被黄色绒毛。鞘翅前半部条纹呈"3 黄 3 黑"交互，其下又有 1 黑色横条，端部黄色。腹部后半部被黄绒毛。股节黑褐色，胫节、跗节棕色，股节基部及胫节有时有黄毛。

【习性】寄主为苹果、梨、柑橘、桑等多种植物。

【分布】国内分布于天津、北京、河北、山西、辽宁、山东、陕西、甘肃、河南、江苏、安徽、浙江、湖北、福建、台湾、广东、广西、四川、香港、西藏等；国外分布于日本、朝鲜半岛等。

①成虫

## 帽斑紫天牛 *Purpuricenus petasifer* Fairmaire, 1888

【鉴别特征】体长 16.0~20.0 mm，体暗红色，足、头、触角深黑色。前胸背板有 5 个黑斑。鞘翅两共 6 个黑斑，前一对近圆形，后一对大型，在中缝处连接呈毡帽形。

【习性】寄主为苹果、山楂、酸枣等。

【分布】国内分布于天津、北京、河北、吉林、辽宁、甘肃、陕西、江苏、云南等；国外分布于日本、朝鲜半岛、俄罗斯等。

①成虫

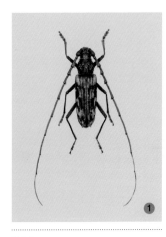

①雄性

①成虫

**刺角天牛** *Trirachys orientalis* (Hope, 1841)

【鉴别特征】体长 28.0~52.0 mm，体灰黑色，密被棕黄色及银灰色丝光绒毛。前胸侧刺突短，中区具横皱纹，后部中央具一近长方形平滑区。鞘翅肩部隆起，翅端斜截，缝角及外端具刺。足的股节、胫节、跗节密被棕黄色丝光绒毛。雄性触角超过体长，第3~7节内端具刺。雌性触角第3~10节内端具刺。

【习性】寄主为杨、柳、榆、槐、刺槐、臭椿、泡桐、栎、银杏、合欢、柑橘、梨等。

【分布】国内分布于天津、北京、河北、黑龙江、吉林、辽宁、上海、河南等；国外分布于日本、老挝等。

**合欢双条天牛** *Xystrocera globosa* (Olivier, 1795)

【鉴别特征】体长 22.0~26.0 mm，体棕色或黄棕色。前胸背板中央及两侧有金绿色纵纹。鞘翅棕黄色，边缘蓝绿色，每翅有 3 条纵脊纹，中央有 1 条蓝绿色纵纹。

【习性】寄主为合欢、槐、桑、桃、木棉等。

【分布】古北区、东洋区广布。

中华裸角天牛 *Aegosoma sinicum* White, 1853

【鉴别特征】体长 40.0~50.0 mm，体赤褐色至黑褐色。头黑褐色，复眼之间具黄色绒毛。前胸背板外侧下方向外突出，鞘翅具 2~3 条细纵脊。雄性触角超过体长。雌性触角仅达鞘翅一半，腹部末端具细长的产卵管。

【习性】寄主为苹果、山楂、枣、柿、栗、核桃、柳、榆、桑、白蜡等。

【分布】国内广泛分布；国外分布于日本、朝鲜半岛、俄罗斯、老挝、越南、缅甸等。

【注】又名中华薄翅天牛。

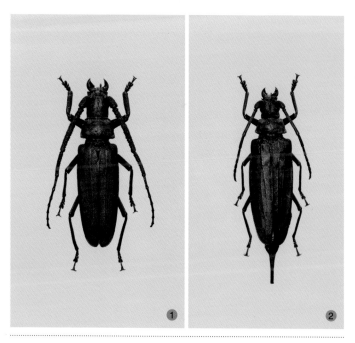

①雄性　②雌性

多带天牛 *Polyzonus fasciatus* (Fabricius, 1781)

【鉴别特征】体长 11.0~18.0 mm，体蓝黑色或蓝绿色，体色和斑纹变化较大。头部具粗糙刻点和皱纹。前胸面密布粗糙刻点，皱纹有但不明显，侧刺突尖端锐。鞘翅被有白色短毛，表面有刻点，中央有 2 条黄色横带，带的宽度有变化。

【习性】寄主为柳、柏、板栗。

【分布】国内分布于天津、北京、河北、山西、内蒙古、黑龙江、吉林、辽宁、陕西、宁夏、山东、河南、江苏、浙江、江西、贵州、福建、广东、广西、香港等；国外分布于朝鲜半岛、俄罗斯、蒙古等。

【注】又名黄带蓝天牛、黄带多带天牛等。

①成虫

### 栗色肿角天牛 *Neocerambyx raddei* Blessig, 1872

【鉴别特征】体长 43.0~47.0 mm，体灰褐色，被棕黄色短毛。头部向前倾斜，头顶中央有 1 条深纵沟，触角 11 节，近黑色，第 3、第 4 节端部膨大成瘤状。前胸背板两侧较圆，有皱纹，无侧刺突，背面有许多不规则的横雏纹。鞘翅周缘有细黑边，后缘呈圆弧形，内缘角生尖刺。足细长，密生灰白色毛。雄性触角约为体长的 1.5 倍，雌性触角约为体长的 2/3。

【习性】寄主为辽东栎、蒙古栎、麻栎、炮栎、青冈栎、乌冈栎、槲栎、柯属、桑等。

【分布】国内广泛分布；国外分布于日本、朝鲜半岛、俄罗斯等。

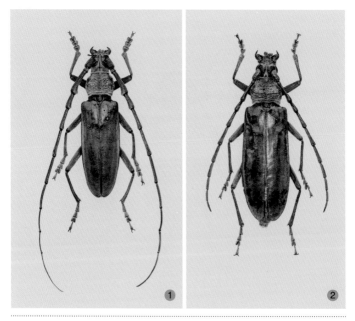

①雄性 ②雌性

皱胸粒肩天牛 *Apriona rugicollis* Chevrolat, 1852

【鉴别特征】体长 35.0~46.0 mm，体黑褐色，被黄褐色短毛。头顶隆起，中央有 1 条纵沟，触角柄节和梗节黑色，以后各节前半黑褐色，后半灰白色。前胸近方形，背面有横的皱纹，两侧中间各具 1 个刺状突起。鞘翅基部密生颗粒状小黑点。足黑色，密生灰白短毛。

【习性】寄主为桑、无花果、山核桃、柳、刺槐、榆、构、苹果、海棠、沙果、樱桃、柑橘等。

【分布】国内广泛分布；国外分布于日本、朝鲜半岛、越南、老挝、柬埔寨、缅甸、泰国、印度等。

【注】又名桑天牛。

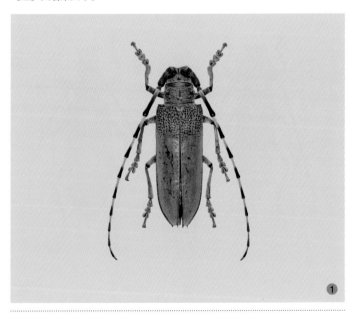

①成虫

## 叩甲科 Elateridae
### 沟线角叩甲 *Pleonomus canaliculatus* (Faldermann, 1835)

【鉴别特征】体长 14.0~18.0 mm，体棕红色至深栗褐色，密被金黄色细毛。雌雄异型。雄性体瘦狭，触角 12 节，约与身体等长，背面扁平，鞘翅具明显纵沟，足细长，各足股节超出体侧很多。雌性体较粗阔，背面拱隆，触角较短，鞘翅纵沟不显著。

【习性】寄主为小麦、大麦、玉米、高粱、棉、麻、瓜、甜菜、白菜、马铃薯、茄等。

【分布】天津、北京、河北、内蒙古、辽宁、陕西、甘肃、青海、河南、山东、江苏、安徽、湖北等。

①雄性 ②雌性

## 龙虱科 Dytiscidae

黄缘真龙虱 *Cybister bengalensis* Aubé, 1838

①成虫

【鉴别特征】体长 31.0~38.0 mm，体长椭圆形，前部略窄，背面略隆拱。背面黑色，常具绿色光泽。上唇、唇基及前胸背板侧缘和鞘翅侧缘黄色，向后渐狭，末端钩状。鞘翅缘折基部黄色，略后黑色。腹面、后足、中足股节棕褐色或黑红色。

【习性】生活在水中，捕食蝌蚪、蜗牛和小鱼等。

【分布】国内分布于天津、北京、山东、浙江、四川、广东、福建、海南、云南等；国外分布于日本、印度、东南亚等。

## 蛛甲科 Ptinidae

拟裸蛛甲 *Gibbium aequinoctiale* Boieldieu, 1854

①成虫

【鉴别特征】体长 2.0~3.0 mm，体棕红色，具强光泽，背面强烈隆起呈球形。头部额区有 1 条纵凹纹，复眼上方、下方和后方有许多近平行的脊纹，伸达前胸背板前缘。前胸背板小而光滑。鞘翅光滑且愈合，并向两侧扩展包围腹部。

【习性】常栖息于居室、旅店、储藏室、磨坊、公厕等处。寄主为谷类、面粉、麦麸、面包、动植物标本、羊毛织物等。

【分布】世界广泛分布。

## 皮蠹科 Dermestidae
### 赤毛皮蠹 *Dermestes tessellatocollis* Motschulsky, 1840

【鉴别特征】体长 6.0~8.0 mm，体长椭圆形，赤褐色至黑色。头部与前胸背板密生赤褐色毛。小盾片侧缘着生黄白色长毛。鞘翅披稀疏的白毛。前足基节、转节着黑色与褐色毛，中足和后足的基节、转节着白色毛。腹面密被白色毛，各节前缘角处各有 1 个半圆形黑色毛斑，第 5 腹板末端有 1 个 "V" 形黑毛斑。

【习性】常出没于各种粮食、豆类、油料，以及毛皮、皮革、水产品、肉干、鱼干和中药材等储藏物品。

【分布】国内广泛分布；国外分布于印度、日本、朝鲜半岛、俄罗斯等。

①幼虫　②成虫

## 花斑皮蠹 *Trogoderma variabile* Ballion, 1878

【鉴别特征】体长 2.2~2.4 mm，体卵圆形，褐色至深褐色，被黄褐色、白色细毛。触角 11 节，棒状，棒节逐渐变粗。前胸背板两侧圆，向前端呈弧形，后缘中间突出，两侧刻点密于顶区。鞘翅具褐色与暗红色环状纹和花斑，被短而稀疏的毛。雄性触角棒节较长，7 节。雌性触角棒节 4 节，末端为圆锥形。

【习性】成虫和幼虫危害谷类、花生、毛制品、动植物标本等，家中常见。

【分布】国内分布于华北、西北、华东等地区；国外分布于欧洲、北美洲、大洋洲等。

①成虫　②幼虫

**黑毛皮蠹** *Attagenus unicolor* (Brahm, 1790)

【鉴别特征】体长 2.8~5.0 mm，体椭圆形，暗褐色或黑色，背面显著隆起。前胸背板两侧及后缘、鞘翅基部着生黄褐色毛。触角淡褐色，11 节，末节黑色。雄性触角末节长度为第 9、第 10 两节总长的 3~4 倍，雌性仅略长。

【习性】幼虫主要危害毛纺织品、羽毛制品、兽皮，也危害谷物、面粉、豆类等；成虫常聚集在花上取食花粉和花蜜。

①成虫

【分布】国内广泛分布；国外分布于欧洲、北美洲、大洋洲等。

## 拟步甲科 Tenebrionidae

**类沙土甲** *Opatrum subaratum* Faldermann, 1835

【鉴别特征】体长 6.5~9.0 mm，体椭圆形，褐锈色至黑色。头部较扁，背面似铲状。前胸背板前缘呈半月形，其上密生点刻如细沙状。鞘翅近长方形，其前缘向下弯曲将腹部包住，鞘翅上有 7 条隆起的纵线，每条纵线两侧有 5~8 个突起，形成网格状。后翅退化。

【习性】寄主为豆类、小麦、花生等作物以及多种蔬菜。

①成虫

【分布】国内分布于天津、北京、河北、山西、内蒙古、黑龙江、吉林、辽宁、陕西、甘肃、宁夏、青海、新疆、山东、河南、江西、安徽等；国外分布于俄罗斯、哈萨克斯坦等。

【注】又名网目拟地甲。

## 网目土甲 *Gonocephalum reticulatum* Motschulsky, 1854

①成虫

【鉴别特征】体长 4.5~7.0 mm，体锈褐色至黑褐色。头部密布粗大刻点，唇基前缘内凹。前胸背板近中央处有 2 个黑色瘤状突，背板两侧扁平，后角呈直角，其前段稍凹。鞘翅两侧平行，刻点行细而明显，被弯曲的黄色刚毛，不形成明显的毛列。

【习性】寄主为苜蓿、甜菜、小麦、玉米、豆类等作物以及苹果、梨。

【分布】国内分布于天津、北京、河北、内蒙古、山西、黑龙江、吉林、辽宁、陕西、甘肃、宁夏、山东等；国外分布于俄罗斯、蒙古、朝鲜半岛等。

【注】又名蒙古沙潜。

## 隐翅虫科 Staphylinidae
### 梭毒隐翅虫 *Paederus fuscipes* Curtis, 1826

①成虫

【鉴别特征】体长 6.5~8.0 mm，体黄褐色，头部、腹末端两节均为黑色，胸部及腹部第 1~4 节红色，鞘翅青蓝色。前胸背板平直，两侧近乎平行，后缘边明显可见。足褐黄色，跗节、前足股节端部、中后足股节端部近一半黑色。腹部第 1 腹板具脊。

【习性】常栖息于淡水湖边、水沟、池塘、河流漫滩、杂草丛等潮湿环境，可被灯光吸引入室。

【分布】国内分布于天津、北京、河北、河南、山东、江苏、江西、四川、贵州、福建、广东、广西、云南、台湾等；国外分布于古北区、东洋区等。

【注】体液含有隐翅虫毒素，皮肤接触该物质后易发生隐翅虫皮炎。

## 锯谷盗科 Silvanidae
**锯谷盗** *Oryzaephilus surinamensis* (Linnaeus, 1758)

【鉴别特征】体长 2.5~3.5 mm，体被黄褐色细毛。头部呈梯形。触角棒状 11 节，端部 3 节膨大。前胸背板长卵形，中间有 3 条纵隆线，侧缘各生 6 个锯齿突。鞘翅两侧近平行，翅面上有纵刻点列和 4 条纵脊。

【习性】寄主为玉米、豆类、荞麦、花生仁、大麻子、谷粉、干果、酵母饼、通心粉、面包等。

【分布】世界广泛分布。

①成虫

## 象甲科 Curculionidae
**玉米象** *Sitophilus zeamais* Motschulsky, 1855

【鉴别特征】体长 2.4~3.0 mm，体暗褐色，具光泽。喙长，除端部外，密被细刻点。前胸背板前端缩窄，后端约等于鞘翅之宽，背面刻点圆形。鞘翅行间窄于行纹刻点，常有 4 个橙红色椭圆形斑。

【习性】寄主为玉米、豆类、荞麦、花生仁、大麻子、谷粉、干果、酵母饼、通心粉、面包等。

【分布】世界广泛分布。

①成虫

沟眶象 *Eucryptorrhynchus scrobiculatus* (Motschulsky, 1853)

【鉴别特征】体长 13.5~18.5 mm，体黑色。前胸、鞘翅基部及端部前 1/3 处密被白色鳞片，并杂有红色或黄色鳞片。鞘翅基部外侧特别向外突出，中部花纹似龟纹，鞘翅上刻点粗大。各足股节内侧具 1 齿。

【习性】寄主为臭椿、千头椿等。

【分布】国内分布于天津、北京、河北、辽宁、黑龙江、陕西、甘肃、山东、河南、上海、江苏、四川等；国外分布于日本、朝鲜半岛、俄罗斯等。

①成虫

**臭椿沟眶象** *Eucryptorrhynchus brandti* (Harold, 1881)

【鉴别特征】体长 11.0~12.0 mm，体黑色。头部密布小刻点，额部窄，中间无凹窝。前胸前窄后宽。前胸背板和鞘翅密布粗大刻点，前胸背板、鞘翅肩部及端部布有白色鳞片形成的大斑，稀疏掺杂红黄色鳞片。

【习性】寄主为臭椿、千头椿等。

【分布】国内分布于天津、北京、河北、山西、黑龙江、山东、河南、上海、江苏、四川等；国外分布于日本、朝鲜半岛、俄罗斯等。

①成虫

**甜菜筒喙象** *Lixus subtilis* Boheman, 1836

【鉴别特征】体长 5.2~7.5 mm，体细长，黄褐色至紫黑色，被黄褐色磷粉。前胸背板外缘和鞘翅外缘淡黄色。鞘翅散布灰色毛斑。雄性喙长约为前胸的 2/3，雌性约为 4/5。

【习性】寄主为甜菜、藜、苋等。

【分布】国内分布于天津、北京、河北、山西、内蒙古、黑龙江、吉林、辽宁、陕西、甘肃、青海、上海、江苏、浙江、安徽、江西、四川、湖南等；国外分布于日本、中亚、欧洲等。

①成虫

## 吉丁科 Buprestidae
**梨金缘吉丁** *Lamprodila limbata* (Gebler, 1832)

①成虫

【鉴别特征】体长 5.2~7.5 mm，体纺锤状，翠绿色具金属光泽，密布刻点。头顶中央具倒"Y"形纵纹。前胸背板和鞘翅两侧边缘红色具金属光泽。鞘翅具 10 余条纵沟，纵列黑蓝色斑略微隆起。雄性腹部末端深凹，雌性浑圆。

【习性】寄主为梨、苹果、樱桃、杏、桃、山楂等。

【分布】国内分布于天津、北京、河北、山西、内蒙古、黑龙江、吉林、辽宁、陕西、甘肃、宁夏、青海、新疆、山东、浙江、江苏、江西等；国外分布于俄罗斯、蒙古等。

## 步甲科 Carabidae
**蝎步甲** *Dolichus halensis* (Schaller, 1783)

①成虫

【鉴别特征】体长 16.0~20.0 mm，体黑色。头黑色具光泽，触角黄色。前胸背板大部分黑色，侧边黄色。鞘翅狭长，中部有长形斑，两翅合成舌形大斑，每鞘翅上有 9 条具刻点条沟。足的股节和胫节为黄色，跗节棕红色。

【习性】常栖息于农田附近，善于攀爬到植物上。

【分布】国内广泛分布；国外分布于日本、朝鲜半岛、中亚、欧洲等。

麻步甲 *Carabus brandti* Faldermann, 1835

【鉴别特征】体长 22.0~26.0 mm，体黑色或蓝黑色。头顶密布细刻点和粗皱纹，上颚较短宽，内缘中央有 1 枚粗大的齿。前胸背板呈倒梯形，宽大于长，最宽处在中部之前。鞘翅卵圆形，表面有微纹，翅面密布小颗粒。雄性前足第 1~3 跗节较雌性宽大。

【习性】常栖息于公园绿地或农田附近。主要捕食蜗牛、蛞蝓等。

【分布】天津、北京、河北、山西、内蒙古、吉林、辽宁、山东、陕西、甘肃、河南等。

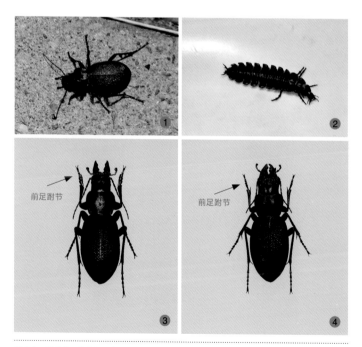

①成虫 ②幼虫 ③雄性 ④雌性

绿步甲 *Carabus monilifer longipennis* (Chaudoir, 1863)

【鉴别特征】体长 30.0~37.0 mm，体色多样，具金属光泽。头、前胸背板一般为红铜色，口器、触角、小盾片及虫体腹面黑色，鞘翅绿色、红铜色或紫色。前胸背板略呈心形。鞘翅长卵形，末端在鞘缝处形成向上翘起的刺突，每个鞘翅具6行黑色瘤突，瘤突之间有不规则的颗粒。足细长。雄性体型小于雌性，前足第 1~3 跗节较雌性宽大。

【习性】常栖息于环境较好的森林中，日间藏于石头下。

【分布】国内分布于天津、北京、河北、山西、内蒙古、辽宁、山东、河南等；国外分布于朝鲜半岛、俄罗斯等。

前足跗节

前足跗节

①雄性 ②雌性

罕丽步甲 *Carabus billbergi* (Mannerheim, 1827)

【鉴别特征】体长 19.0~23.0 mm，体色多样，铜红色、绿色、蓝绿色或黑色，具金属光泽。前胸背板具细刻点和皱，前角圆钝，后角呈叶状突出，端部较圆钝。每鞘翅具 3 条一级行距，由不连续的凹坑组成，3 条二级行距每条由 3 条并列的细脊组成。雄性前足第 1~3 跗节较宽大。

【习性】常栖息于田边或阔叶林中。

【分布】天津、北京、河北、内蒙古、山西、吉林、辽宁等。

① 雄性　② 雌性

**单齿蜣步甲** *Scarites terricola* Bonelli, 1813

【鉴别特征】体长 17.7~21.5 mm，体黑色，腹面及足栗黑色。头部方形，额沟深长，沟外与眼间有多条纵沟，上颚全部外露，左右不对称，前部弯曲，端部尖锐，表面有皱。触角膝状。前胸背板呈六边形，前缘弧凹，小盾片位于前胸背板与鞘翅基部之间的"颈"部。鞘翅长形，两侧近于平行。前、中足挖掘式，胫节宽扁，前端具 2 个指状突，中足胫节宽扁，端部具 1 个长齿突。

【习性】常栖息于土层中。

【分布】国内分布于天津、北京、河北、黑龙江、吉林、辽宁、内蒙古、甘肃、新疆、陕西、河南、江苏、安徽、浙江、江西、湖北、湖南、福建、贵州、广东、广西、台湾等；国外分布于东亚、西亚、欧洲、北非等。

①成虫

**中华星步甲** *Calosoma chinense* Kirby, 1819

【鉴别特征】体长 25.0~30.0 mm，体古铜色或黑色，具金属光泽。头部具细刻点和褶皱。前胸背板宽大于长，中部最宽，后角稍突出，刻点密。鞘翅宽阔，星点金色，星点之间具排列不整齐的颗粒。雄性中、后足胫节强烈弯曲。

【习性】常栖息于农田及阔叶林中。

【分布】国内分布于天津、北京、河北、内蒙古、山西、黑龙江、吉林、辽宁、宁夏、甘肃、山东、江西、江苏、浙江、安徽、四川、广东、云南等；国外分布于日本、朝鲜半岛、俄罗斯等。

①成虫

**黄斑青步甲** *Chlaenius micans* (Fabricius, 1792)

【鉴别特征】体长 14.0~17.0 mm，体绿色，具红铜色金属光泽，密被金黄色细毛。触角、鞘翅端斑、足股节和胫节为黄褐色。前胸背板前缘微凹，侧缘弧凸，后缘平直，后角钝圆。鞘翅行沟深细，端斑内圆而外缘向后伸长，形似逗号。雄性前足跗节基部 3 节膨大。

【习性】常栖息于农田附近。

【分布】国内分布于天津、北京、河北、山西、内蒙古、辽宁、陕西、宁夏、青海、河南、山东、江苏、浙江、安徽、四川、湖北、湖南、福建、贵州、广东、广西、云南、台湾等；国外分布于日本、朝鲜半岛等。

①成虫

①成虫

### 云纹虎甲 *Cicindela elisae* Motschulsky, 1859

【鉴别特征】体长 9.0~11.0 mm，体背面深绿色，稍有铜色光泽。头部两复眼间凹陷，上唇中央具 1 个小齿，前缘有 1 列白色长毛，复眼下方有蓝绿色光泽。上唇灰白色，上颚基部及鞘翅花纹乳白色或浅黄色。前胸着白色长毛。鞘翅暗红铜色，翅肩部花纹呈 "C" 形，中央呈斜 "3" 形，端部为弧形。

【习性】捕食蚜虫、螨类、蝉卵、鳞翅目害虫的幼虫及多种小型昆虫。

【分布】国内分布于天津、北京、河北、内蒙古、山西、山东、河南、江苏、浙江、安徽、福建、江西、湖北、湖南、广东、四川、云南、西藏、甘肃、宁夏、新疆、台湾等；国外分布于日本、朝鲜半岛、蒙古、俄罗斯等。

①成虫

### 中华虎甲 *Cicindela chinensis* De Geer, 1774

【鉴别特征】体长 17.5~22.0 mm，体具强烈金属光泽。头部蓝绿色。前胸背板前缘为绿色，中部金红色或金绿色。鞘翅基部、端部和侧缘翠绿色，翅前缘有横宽带，每鞘翅有 3 个黄斑，中部斜黄斑有时分裂为 2 个小斑。足翠绿色或蓝绿色，前、中足的股节中部呈红色。

【习性】主要捕食蝗虫、蟋蟀、蝼蛄、螽斯及多种小型昆虫。

【分布】国内分布于天津、河北、山西、陕西、甘肃、新疆、山东、河南、江苏、江西、浙江、安徽、湖北、湖南、四川、贵州、福建、广东、广西、云南、海南、香港等；国外分布于越南、日本、朝鲜半岛等。

## 锹甲科 Lucanidae

斑股深山锹 *Lucanus maculifemoratus* Motschulsky, 1861

【鉴别特征】体长 30.0~45.0 mm（不含上颚），雌雄异型。雄性体栗褐色，被黄毛。头前棱清晰，头部侧棱侧面观在眼上方向下凹陷。上颚齿突发达，基齿远离基部并于或大于上颚端叉。中、后足胫节暗色。雌性体黑褐色，头背面平坦，其上刻点小且细致，上颚内齿呈双突状。

【习性】常栖息于中低海拔的森林中。寄主为壳斗科植物。

【分布】国内分布于天津、北京、河北、辽宁、陕西、甘肃、山东、河南、安徽、湖北、四川、台湾等；国外分布于日本、朝鲜半岛、俄罗斯等。

【注】天津地区分布的为指名亚种 *Lucanus maculifemoratus maculifemoratus* Motschulsky, 1861。

① 雄性　② 雌性

红腿刀锹 *Dorcus rubrofemoratus* (Snellen van Vollenhoven, 1865)

【鉴别特征】体长 23.5~28.5 mm（不含上颚），体黑色，具光泽。腹部和六足股节具暗红色斑。雌雄异型。雄性上颚笔直伸长，端部略向内侧弯曲，基部近 2/3 部分不具内齿。

【习性】常栖息于中低海拔的森林中。

【分布】国内分布于天津、北京、辽宁、河南、浙江、湖北等；国外分布于朝鲜半岛、俄罗斯等。

【注】又名红足半刀锹，天津地区分布的为北部亚种 *Dorcus rubrofemoratus chenpengi* (Li, 1992)。

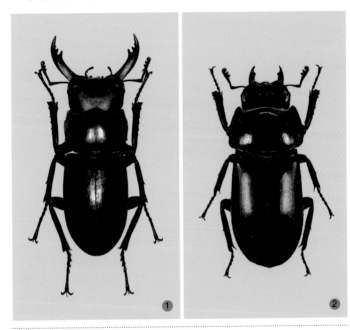

①雄性　②雌性

**中国扁锹** *Serrognathus titanus platymelus* (Saunders, 1954)

【鉴别特征】体长 30.0~67.0 mm（不含上颚），体黑褐色，具光泽，体型稍扁。雌雄异型。大型雄性上颚发达，具齿状排列，小型则无。雌性体型较小，有光泽，头部密布凹凸的刻点，上颚较雄性不发达。

【习性】常栖息于中低海拔的阔叶林中。寄主为壳斗科植物。

【分布】天津、河北、山西、江苏、浙江、福建、广东、广西、台湾等。

【注】又名扁锹典型亚种。

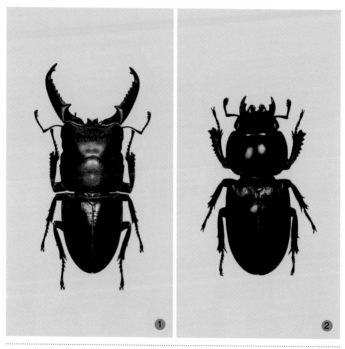

①雄性 ②雌性

尖腹扁锹 *Serrognathus consentaneus* (Albers, 1886)

【鉴别特征】本种与中国扁锹相似，区别：本种体型较小，体长 17.0~45.0 mm（不含上颚），雄性上颚外侧较中国扁锹更为弯曲，前足胫节内弯，腹部第 5 节末端较尖。

【习性】常栖息于中低海拔的森林中。寄主为壳斗科植物。

【分布】国内分布于天津、北京、河北、辽宁、山东、江苏、浙江、江西、重庆、湖北、湖南等；国外分布于日本、朝鲜半岛等。

【注】又名细齿扁锹。

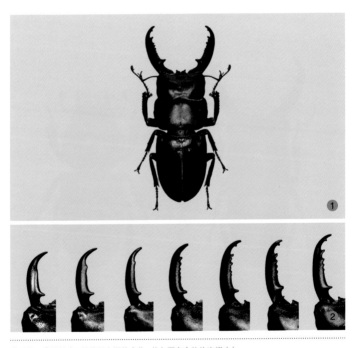

①雄性 ②雄性（不同体型上颚的变化，从左至右个体依次增大）

尖腹扁锹与同体型的中国扁锹的区别

## 1. 头部

### （1）上颚

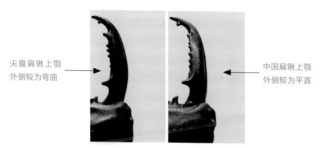

尖腹扁锹上颚
外侧较为弯曲

中国扁锹上颚
外侧较为平直

### （2）头楯

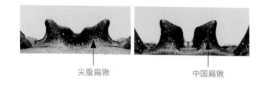

尖腹扁锹　　　　　　　中国扁锹

## 2. 前足

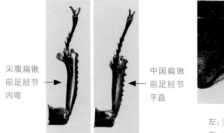

尖腹扁锹
前足胫节
内弯

中国扁锹
前足胫节
平直

## 3. 腹部

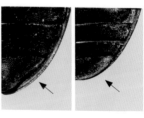

左：尖腹扁锹腹部第 5 节末端较尖
右：中国扁锹腹部第 5 节末端圆钝

**两点赤锯锹** *Prosopocoilus astacoides* (Hope, 1840)

【鉴别特征】体长 20.5~45.0 mm（不含上颚），体黄褐色，头、前胸背板、小盾片及鞘翅边缘黑色或暗褐色。前胸背板两侧近后角处各有 1 个黑斑。鞘翅黄褐色，通常无红色色调。雌雄异型。雄性具极度扩大的上颚，其上具明显齿列，小型个体上颚内缘基本不呈锯齿状，基部具 1 个内齿；中、大型个体近中部具 1 个粗壮内齿，近端部具 3~4 个小齿。

【习性】常栖息于中低海拔的森林中。寄主为板栗、榆、梨、栎等。

【分布】国内分布于天津、北京、河北、陕西、甘肃、山东、河南、浙江、湖北、四川、台湾等；国外分布于印度、缅甸、泰国、老挝等。

【注】又名黄褐前锹甲，天津地区分布的为普通亚种 *Prosopocoilus astacoides blanchardi* (Parry, 1873)。

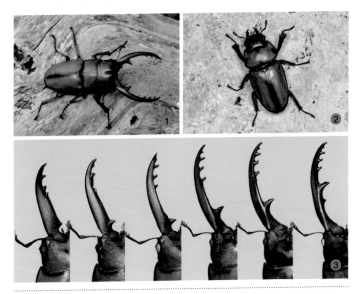

①雄性　②雌性　③雄性（不同体型上颚的变化，从左至右个体依次增大）

## 金龟科 Scarabaeidae
### 黑绒金龟 *Maladera orientalis* (Motschulsky, 1857)

【鉴别特征】体长 6.0~9.0 mm，体黑褐色略带紫色，被灰黑色绒毛。触角 9 节，鳃片 3 节。鞘翅侧缘列生褐色刺毛。雄性触角鳃片部较雌性长。

【习性】寄主为苹果、梨、葡萄、核桃、柿、桑、榆等。

①成虫

【分布】国内分布于天津、北京、河北、山西、内蒙古、吉林、辽宁、陕西、甘肃、宁夏、山东、河南、江苏、安徽、湖北、湖南、福建、广东、海南等；国外分布于日本、朝鲜半岛、俄罗斯、蒙古等。

【注】又名东方绢金龟。

### 阔胸禾犀金龟 *Pentodon quadridens mongolicus* Motschulsky, 1849

【鉴别特征】体长 23.0~24.5 mm，体红棕色、深褐色至黑色，有光泽。唇基梯形，前缘两侧有齿状突起，两侧缘具向上卷的边框，额唇基缝略后弯，中央有 1 对疣突。前胸背板宽阔，圆拱，密布圆形刻点。鞘翅纵肋隐约可见。足粗壮，前足胫节宽扁，外缘具 3 枚大齿，基、中齿间具 1 枚小齿，基齿下方有 2~4 个小齿；中、后足胫节膨大，有 2 条不完整的具刺横脊。

①成虫

【习性】寄主为大豆、甘薯、小麦、玉米、高粱、花生、胡萝卜、白菜、葱等。

【分布】国内分布于天津、河北、山西、内蒙古、黑龙江、吉林、辽宁、青海、甘肃、宁夏、陕西、山东、江苏、河南、浙江等；国外分布于蒙古等。

中华晓扁犀金龟 *Eophileurus chinensis* (Faldermann, 1835)

【鉴别特征】体长 18.0~20.0 mm，体黑色，具光泽。触角 10 节，鳃片部短壮。前胸背板横阔，密布粗大刻点。鞘翅长，侧缘近于平行，每鞘翅有 6 对平行的刻点沟。前足胫节外缘 3 齿，中、后足第 1 跗节末端外侧延伸成指状突。雌雄异型。雄性唇基中央有 1 个圆锥形角突，前胸背板有略呈五角形的凹坑，前足跗节特化，扩大呈拇指叉形。雌性唇基微微凸起，前胸背板凹坑宽浅，前足跗节不特化。

【习性】幼虫以朽木为食；成虫肉食性，会捕食地鳖、金龟幼虫等。

【分布】国内分布于天津、北京、河北、山西、山东、江苏、浙江、江西、安徽、湖北、福建、广东、海南、云南、台湾等；国外分布于日本、朝鲜半岛、缅甸、不丹等。

【注】又名微独角仙。

①雄性 ②雌性

日本阿鳃金龟 *Apogonia niponica* Lewis, 1895

【鉴别特征】体长 8.0~10.5 mm，体黑色，具
光泽，密布刻点。唇基圆弧形，前缘上翘。
前胸背板横宽，前缘具膜质边。前足胫节外
缘具 3 齿，基部齿突不明显。

【习性】幼虫取食多种农作物的地下根系；
成虫取食农作物、林木的叶片。

【分布】国内分布于天津、北京、河北、山
西、黑龙江、吉林、山东、陕西、甘肃、河南、
湖北、贵州等；国外分布于日本、朝鲜半岛等。

①成虫

毛黄脊鳃金龟 *Miridiba trichophora* (Fairmaire, 1891)

【鉴别特征】体长 14.0~18.0 mm，体棕黄色，
被黄褐色长毛。头顶两复眼间有 1 条横脊突起。
复眼黑色。触角 9 节，红褐色。前胸背板密
生长毛，侧缘中部呈锐角状突起。鞘翅肩瘤
明显，密生长毛，小盾片无毛。前足胫节外
侧具 3 枚锐齿，内侧有 1 个棘刺，后足胫节
呈喇叭状。腹部扁圆形，有光泽，密生细短毛。
雄性触角鳃片部较长大，雌性则较短小。

【习性】寄主为乌桕、樟、泡桐、杨、桑、
桂花等。

【分布】国内分布于天津、北京、河北、山
西、辽宁、陕西、甘肃、山东、河南、江苏、
安徽等；国外分布于日本、朝鲜半岛、俄罗斯等。

①成虫

暗黑鳃金龟 *Holotrichia parallela* (Motschulsky, 1854)

【鉴别特征】体长 16.0~22.0 mm，体黑褐色至黑色，被淡蓝灰色粉状闪光薄层。唇基前缘中央微凹，刻点粗大。触角 10 节，红褐色。前胸背板前缘密生黄褐色毛，侧缘中央呈锐角状外突，刻点大而深。每鞘翅上有 4 条可辨识的隆起带，刻点粗大，肩瘤明显。腹部圆筒形，腹面微有光泽，尾节光泽性强。

【习性】寄主为榆、杨、苹果、梨等以及多种粮食作物。

【分布】国内分布于天津、北京、河北、山西、黑龙江、吉林、辽宁、陕西、甘肃、青海、山东、河南、湖北、湖南、江苏、浙江、江西、安徽、四川等；国外分布于日本、朝鲜半岛、俄罗斯等。

①成虫 ②幼虫

大云斑鳃金龟 *Polyphylla laticollis* Lewis, 1887

【鉴别特征】体长 26.0~45.0 mm，体栗黑色至黑褐色，被乳白色鳞片组成的云状斑纹。前胸背板后缘无毛，前侧角钝，后侧角近直角形。触角 10 节。雌雄异型。雄性触角有长而弯的鳃片 7 节，前足胫节具 2 齿。雌性触角有短小鳃片 6 节，前足胫节具 3 齿。

【习性】寄主为松、杨、柳及多种作物、杂草、灌木。

【分布】国内分布于天津、北京、河北、山西、辽宁、吉林、宁夏、青海、山东、河南、安徽、四川、贵州、云南等；国外分布于日本、朝鲜半岛等。

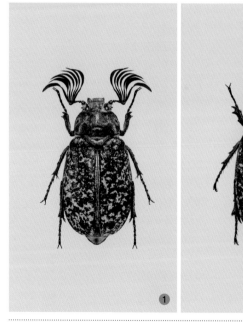

①雄性　②雌性

### 棉花弧丽金龟 *Popillia mutans* Newman, 1838

【鉴别特征】体长 9.0~14.0 mm，体椭圆形，蓝黑色，具紫绿色金属光泽。头顶密布粗刻点。前胸背板弧拱明显。小盾片三角形，疏布刻点。鞘翅背面具6条粗刻点沟，第2条短，后端略超过中点。足黑色，中、后足胫节粗壮。雄性触角鳃片部较雌性长。

【习性】寄主为葡萄、杨、大豆、月季、玫瑰、芍药、合欢、板栗、苹果、猕猴桃等。

【分布】国内分布于天津、北京、河北、山西、辽宁、甘肃、陕西、山东、河南、江苏、浙江、上海、四川、台湾等；国外分布于日本、越南等。

【注】又名无斑弧丽金龟。

①成虫

### 粗绿彩丽金龟 *Mimela holosericea* (Fabricius, 1787)

【鉴别特征】体长 14.0~20.0 mm，体金绿色具光泽。前胸背板中央具纵隆线。每侧鞘翅具4条纵肋，第1纵肋粗直且明显。体腹面及股节紫铜色，生白色细长毛。前足胫节外缘具2齿，第1齿大，第2齿仅留痕迹。雄性触角棒状部长于前5节之和，前足爪一大一小，大爪末端不分裂。

【习性】寄主为葡萄、苹果等。

【分布】国内分布于天津、北京、河北、山西、内蒙古、黑龙江、吉林、辽宁、甘肃、青海、陕西、河南、江西等；国外分布于日本、朝鲜半岛、俄罗斯、蒙古等。

①成虫

### 铜绿异丽金龟 *Anomala corpulenta* Motschulsky, 1854

【鉴别特征】体长 15.0~22.0 mm，体卵圆形，体背铜绿色，鞘翅颜色较淡且泛铜黄色。前胸背板侧缘淡褐色，略呈弧形。胸下密被绒毛。鞘翅密布刻点，背面有 2 条清晰纵肋纹，缘折达到后侧转弯处，翅缘有膜质饰边。腹部每腹板有 1 排毛，臀板黄褐色，常有形状多变的 1~3 个铜绿色或古铜色斑。前足胫节外缘 2 齿。

【习性】寄主为苹果、梨、杨、柳、榆、核桃等。

【分布】国内分布于天津、北京、河北、山西、内蒙古、黑龙江、吉林、辽宁、宁夏、陕西、山东、河南、江苏、安徽、浙江、湖北、江西、湖南、四川等；国外分布于朝鲜半岛、蒙古等。

①成虫

### 斑青花金龟 *Gametis bealiae* (Gory & Percheron, 1833)

【鉴别特征】体长 11.7~14.4 mm，本种与小青花金龟相似，区别：本种体表基本无毛；前胸背板有 1 对黑色三角形斑，有时无斑；鞘翅有 1 对赭色大斑。

【习性】幼虫取食腐殖质；成虫访花。

【分布】国内分布于天津、北京、山东、山西、江苏、浙江、上海、安徽、江西、四川、湖南、湖北、贵州、福建、广东、广西、云南、海南、西藏等；国外分布于印度、越南等。

①成虫

**小青花金龟** *Gametis jucunda* (Faldermann, 1835)

【鉴别特征】体长 11.0~16.0 mm，体色多样，暗绿色、绿色、铜红色、黑褐色等，多为绿色或暗绿色，具光泽。前胸背板中部两侧各具 1 个白斑，近侧缘也常生不规则白斑，有些个体没有斑点。鞘翅狭长，翅面上生有白色或黄白色斑，纵肋 2~3 条。臀板近半圆形，中部偏上具 4 个白斑。

【习性】幼虫取食腐殖质；成虫访花。寄主为苹果、板栗、杨、柳、榆、海棠、葡萄、柑橘等。

【分布】国内广泛分布；国外分布于日本、朝鲜半岛、俄罗斯、蒙古、印度、尼泊尔、北美洲等。

①成虫

## 白星花金龟 *Protaetia brevitarsis* (Lewis, 1879)

【鉴别特征】体长 18.0~22.0 mm，体色多为古铜色或青铜色，体表散布不规则白绒斑。头部较窄，两侧在复眼前明显陷入，唇基较短宽，密布粗大刻点，前缘向上折翘。前胸背板具不规则白线斑，后缘中部前凹。鞘翅宽大，近长方形，散布白色条状、点状绒斑。足粗壮，膝部有白斑。腹部光滑，第 1~4 节近边缘处和第 3~5 节两侧有白斑。

【习性】幼虫取食腐殖质；成虫喜食成熟的果实。

【分布】国内分布于天津、北京、河北、内蒙古、山西、黑龙江、吉林、辽宁、新疆、陕西、山东、河南、安徽、江苏、浙江、四川、湖北、江西、湖南、广西、贵州、福建、台湾等；国外分布于蒙古、日本、朝鲜半岛、俄罗斯等。

【注】天津地区分布的为指名亚种 *Protaetia brevitarsis brevitarsis* (Lewis, 1879)。

①成虫

东方星花金龟 *Protaetia orientalis* (Gory & Percheron, 1833)

【鉴别特征】体长 20.7~25.5 mm，本种与白星花金龟相似，区别：本种头部唇基上翘，中间有明显凹陷；腹部腹面白色斑纹发达；雄性前足胫节第 2 齿离第 3 齿较远，部分个体第 3 齿消失。

【习性】幼虫取食腐殖质；成虫喜食成熟的果实。

【分布】国内广泛分布；国外分布于老挝、印度等。

【注】又名凸星花金龟，天津地区分布的为指名亚种 *Protaetia orientalis orientalis* (Gory & Percheron, 1833)。

①成虫

白星花金龟与东方星花金龟的区别

## 1. 头部

唇基中间凹陷
不明显

唇基中间凹陷
明显

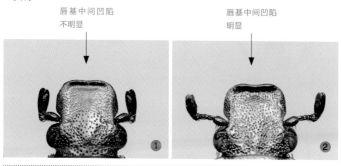

①白星花金龟　②东方星花金龟

## 2. 前足

胫节
第 2 齿

胫节
第 3 齿
发达

胫节
第 2 齿

胫节
第 3 齿
退化

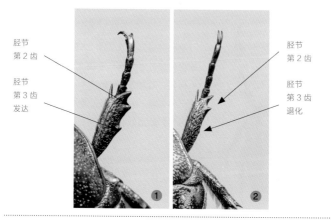

①白星花金龟　②东方星花金龟

**多纹星花金龟** *Protaetia famelica* (Janson, 1879)

①成虫

【鉴别特征】体长 14.0~19.0 mm，体色多为古铜色、铜绿色等。唇基前缘向上折翘，有中凹。鞘翅有 2 条纵肋，内侧纵肋狭小略显中断，外侧纵肋高显。

【习性】幼虫取食腐殖质；成虫喜食成熟的果实。

【分布】国内分布于天津、河北、山西、内蒙古、黑龙江、吉林、辽宁、陕西、山东、江苏、浙江、云南等；国外分布于日本、朝鲜半岛、蒙古等。

【注】天津地区分布的为指名亚种 *Protaetia famelica famelica* (Janson, 1879)

**东北星花金龟** *Protaetia mandschuriensis* (Schürhoff, 1933)

①成虫

【鉴别特征】体长 22.0~25.0 mm，体色多为鲜艳的绿色，具强烈金属光泽。唇基前缘向上折翘，无中凹。鞘翅宽大，散布少量白斑、刻点和皱纹。小盾片长三角形，末端钝。

【习性】幼虫取食腐殖质；成虫喜食成熟的果实。

【分布】国内分布于天津、北京、山西、黑龙江、吉林、辽宁、山东、河南、湖北、湖南、四川、贵州、云南等；国外分布于欧洲地区。

## 赭翅臀花金龟 *Campsiura mirabilis* (Faldermann, 1835)

【鉴别特征】体长 19.0~22.0 mm，体黑色，具光泽。唇基前部具倒 "U" 形淡黄色斑。前胸背板侧缘和后胸侧缘具白色或淡黄色斑。鞘翅侧缘及端部黑色，左右各有 1 个黄褐色的长圆斑。

【习性】寄主为槐、柑橘等，也取食多种蚜虫。

【分布】天津、北京、河北、辽宁、陕西、广西、四川、贵州、云南等。

①成虫

## 白斑跗花金龟 *Clinterocera mandarina* Westwood, 1874

【鉴别特征】体长 12.3~13.5 mm，体扁平，黑色，密被刻点。触角 10 节，鳃片 3 节，柄节特化为猪耳状。每侧鞘翅具 2 个横白斑。前足胫节外缘具 2 齿。

【习性】常栖息于蚂蚁窝附近。

【分布】国内分布于天津、北京、河北、山西、甘肃、黑龙江等；国外分布于朝鲜半岛、俄罗斯等。

①成虫

**日拟阔花金龟** *Pseudotorynorrhina japonica* (Hope, 1841)

【鉴别特征】体长 22.0~29.0 mm，体色多样，绿色、古铜色至黑紫色，具金属光泽。鞘翅宽大，近长方形，密布刻纹和黄褐色绒毛。足遍布密粗刻纹和金黄色长茸毛，中、后足胫节内侧排列密长黄绒毛，后足基节后外端角较尖。雄性前足胫节较窄，外缘仅具 1 齿。雌性前足胫节较宽，外缘具 2 齿。

【习性】成虫常聚集在树木流汁处。寄主为麻栎、枹栎、柳树等。

【分布】国内分布于天津、山东、安徽、江苏、江西、湖北、湖南、贵州、广东、广西、海南等；国外分布于日本、朝鲜半岛等。

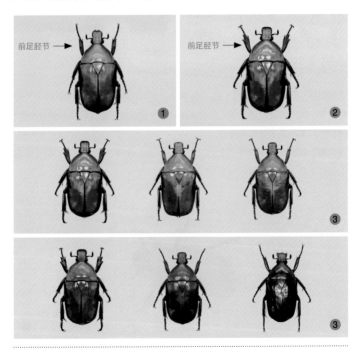

① 雄性　② 雌性　③ 不同体色的成虫

### 黄粉鹿角花金龟 *Dicronocephalus wallichi* Hope, 1831

【鉴别特征】体长 19.0~25.0 mm（不含唇基突），体近卵圆形，被黄绿色粉层。前胸背板有 2 条黑色细带。雌雄异型。雄性唇基呈鹿角状强烈突出，角突端部尖，不分叉，中部上缘有 1 个向上的大角突；前足发达，跗节明显长于胫节。雌性唇基不发达，前缘弧形内凹。

【习性】寄主为梨、板栗、栎、松等。

【分布】天津、北京、河北、辽宁、陕西、山东、河南、江苏、浙江、江西、重庆、四川、贵州、广东、云南等。

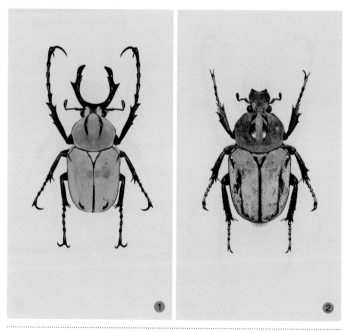

①雄性　②雌性

宽带鹿角花金龟 *Dicronocephalus adamsi* (Pascoe, 1863)

【鉴别特征】体长 21.0~27.0 mm（不含唇基突），雌雄异型。雄性体红棕色，被灰白色粉层；唇基呈鹿角状强烈突出，角突端部向上卷曲；前胸背板具 2 条黑色宽带；前足发达，跗节明显长于胫节。雌性黑色，唇基不发达，前缘弧形内凹。

【习性】寄主为栎、松等。

【分布】国内分布于天津、北京、山西、河南、浙江、湖北、湖南、重庆、四川、贵州、云南等；国外分布于朝鲜半岛、越南等。

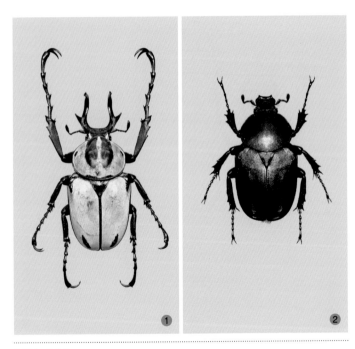

①雄性　②雌性

## 粪金龟科 Geotrupidae
### 大卫隆金龟 *Bolbotrypes davidis* (Fairmaire, 1891)

【鉴别特征】体长 8.0~13.5 mm，体短阔，背面圆隆，近半球形，体色黄褐色至棕褐色。头面刻点粗密，唇基近梯形，中心略前有 1 个瘤状小凸，额上有 1 条高隆墙状横脊，横脊顶端有 3 个突，中突最高。鞘翅圆拱，背面有 10 条刻点沟。腹部密被黄色绒毛。前足胫节扁大，外缘锯齿形，内缘有 1 个发达的距。雌性头部横脊较阔较高，前胸背板大而横阔。

【习性】幼虫以畜粪为食；成虫可能取食粪便表面的真菌。

【分布】国内分布于天津、北京、河北、山西、内蒙古、黑龙江、吉林、辽宁、山东、河南、江苏、台湾等；国外分布于越南、老挝、柬埔寨等。

【注】又名戴锤角粪金龟。

①成虫

## 叶甲科 Chrysomelidae

**榆黄叶甲** *Pyrrhalta maculicollis* (Motschulsky, 1853)

①成虫

【鉴别特征】体长 7.5~9.0 mm，体棕黄色至深棕色。头顶中央具 1 个桃形黑斑，触角短，大部分黑色。前胸背板中央及两侧共具 3 个黑斑。小盾片黑色。鞘翅具密刻点，肩部具黑斑。

【习性】寄主为榆树。

【分布】国内分布于天津、北京、河北、山西、内蒙古、吉林、辽宁、陕西、甘肃、山东、河南、江苏、浙江、福建、广东、广西、台湾等；国外分布于日本、朝鲜半岛、俄罗斯等。

**朴草跳甲** *Altica caerulescens* (Baly, 1874)

①成虫

【鉴别特征】体长 3.7~4.5 mm，体蓝色至蓝黑色。头额具 2 个额瘤，额瘤近似圆形，彼此分开。触角细长，伸达鞘翅中部，第 3 节约长于第 2 节。前胸背板较光滑，近基部具 1 条横沟。小盾片三角形，具粒状细网纹。鞘翅基部刻点较稀，中部刻点较粗较密，向端变浅变细，刻点间平无皱纹。

【习性】寄主为大戟科铁苋菜。

【分布】国内分布于天津、北京、河北、江苏、浙江、江西、湖北、湖南、福建、广东、台湾等；国外分布于日本、印度等。

## 中华萝藦叶甲 *Chrysochus chinensis* Baly, 1859

【鉴别特征】体长 7.0~14.0 mm，体长卵形，金属蓝色或蓝绿色、蓝紫色。触角黑色，末端 5 节乌暗无光泽。鞘翅基部稍宽于前胸，肩部和基部均隆起，二者之间有 1 条纵凹沟，基部之后有 1 条或深或浅的横凹。

【习性】寄主为萝藦科植物以及甘薯、茄、芋等。

【分布】国内分布于天津、北京、河北、山西、内蒙古、黑龙江、吉林、辽宁、甘肃、青海、陕西、山东、河南、江苏、浙江、江西等；国外分布于日本、朝鲜半岛、俄罗斯、印度等。

①成虫

## 褐背小萤叶甲 *Galerucella grisescens* (Joannis, 1865)

【鉴别特征】体长 3.8~5.5 mm，体黄褐色至褐色，被浅色绒毛。触角及小盾片黑褐色或黑色。触角约为体长的一半，末端渐粗。前胸背板中部具 "Y" 形隆脊，光滑无毛。

【习性】寄主为千屈菜、珍珠梅小麦、藜等，喜食蓼科蓼属和酸模属植物。

【分布】国内广泛分布；国外分布于日本、朝鲜半岛、俄罗斯、东南亚、欧洲等。

①成虫

## 萤科 Lampyridae
胸窗萤 *Pyrocoelia pectoralis* Olivier, 1883

【鉴别特征】雌雄异型。雄性体长 14.0~18.0 mm，头黑色，完全缩进前胸背板，复眼黑色。触角黑色，锯齿状。前胸背板橙黄色至浅红色，前缘前方具 1 对月牙形透明斑，后缘稍内凹。鞘翅黑色。腹部黑色，第 6、第 7 节具乳白色发光器。雌性幼虫型，体淡黄色，后胸背板橙黄色，翅退化，腹部具 4 个乳白色点状发光器。

【习性】幼虫常栖息于潮湿的环境；雄性成虫具趋光性。

【分布】天津、北京、山东、江西、浙江、湖北、贵州等。

①雄性(左：背面，右：腹面)　②幼虫

## 瓢虫科 Coccinellidae
### 七星瓢虫 *Coccinella septempunctata* Linnaeus, 1758

【鉴别特征】体长 5.2~7.5 mm，体卵圆形，背面光滑并呈半球状拱起。前胸背板黑色，前角各具 1 个白斑。鞘翅红色，具 7 个黑斑。

【习性】常栖息于低矮的植物上，多见于草地、农田、灌木丛等。

【分布】国内广泛分布；国外分布于古北区、东南亚等，现已引入北美洲。

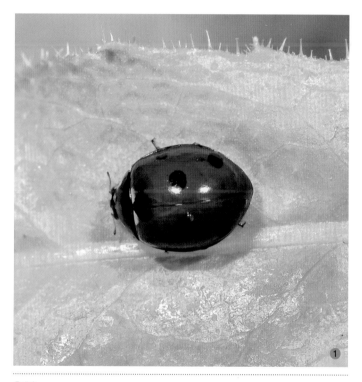

①成虫

异色瓢虫 *Harmonia axyridis* (Pallas, 1773)

【鉴别特征】体长 5.4~8.0 mm，体卵圆形，呈半球形拱起，背面光滑无毛。头部由橙黄色或橘红色至全部为黑色。前胸背板斑纹多样，或在中线中央近基部处有 1 个长形黑斑；或各斑相互连接成"M"形；或"M"形斑的基部扩大，形成黑色近梯形大斑；或基为黑色，两肩角具白斑。鞘翅末端具一明显横脊。体色斑纹变异甚大，分为浅色型和深色型：浅色型每鞘翅最多具 9 个黑斑，但变异颇大；深色型鞘翅黑色，每鞘翅具 2 个或 4 个红斑。

【习性】群集于山洞、石缝、石块、土块、村落房舍以及屋檐下越冬。

【分布】国内广泛分布；国外分布于日本、朝鲜半岛、蒙古、越南、欧洲、北美洲、南美洲等。

①成虫 ②卵 ③幼虫 ④蛹

多异瓢虫 *Hippodamia variegata* (Goeze, 1777)

【鉴别特征】体长 4.0~4.9 mm，头前部黄
白色，后部黑色，或颜面有 2~4 个黑斑，
毗连或融合。前胸背板黄白色，基部通常
有黑色横带向前 4 叉分开，或相连而内部
有 2 个白点。鞘翅黄褐色至红褐色，共有
13 个黑斑，黑斑变异颇大。

【习性】常栖息于农田、果园、森林中。

【分布】国内分布于天津、北京、河北、
山西、内蒙古、吉林、辽宁、新疆、陕西、
甘肃、宁夏、河南、山东、四川、福建、
云南、西藏等；国外分布于欧洲、印度、
澳大利亚、非洲、北美洲、南美洲等。

①成虫

红环瓢虫 *Rodolia limbata* (Motschulsky, 1866)

【鉴别特征】体长 4.8~6.0 mm，体长圆形，
披黄白色细毛。头部黑色。前胸背板前缘
及侧缘红色。小盾片黑色。每鞘翅的周缘
均为红色。足基节黑色，其余部分红色。

【习性】主要以草履蚧为食，偶尔取食其
他蚧类、蚜虫等。

【分布】国内分布于天津、北京、河北、
山西、黑龙江、吉林、辽宁、河南、江苏、
浙江、上海、四川、贵州、广东、广西、
云南等；国外分布于日本、朝鲜半岛、俄
罗斯、蒙古等。

①成虫

## 十二斑褐菌瓢虫 *Vibidia duodecimguttata* (Poda, 1761)

①成虫

【鉴别特征】体长 3.1~4.2 mm，体椭圆形，半圆形拱起，背光滑无毛。头部乳白色，头顶有时具浅褐色圆斑，复眼黑色，触角黄褐色。鞘翅每侧各有 6 个乳白色斑点。足黄色至黄褐色。

【习性】常见于林内，阔叶林或阔叶与针叶混交林，取食植物叶片上的白粉菌。

【分布】国内分布于天津、北京、河北、陕西、吉林、青海、甘肃、河南、上海、四川、湖南、贵州、福建、广西、云南等；国外分布于日本、朝鲜半岛、蒙古、越南、欧洲等。

## 露尾甲科 Nitidulidae

### 四斑露尾甲 *Glischrochilus japonius* (Motschulsky, 1857)

【鉴别特征】体长 10.0~12.0 mm，体黑色具光泽。每侧鞘翅有 2 个黄色至红色的锯齿状斑纹。雄性上颚发达，触角第 1 节延长，端部膨大呈锤状。

【习性】成虫常栖息于树洞或树皮下，取食树木流出的汁液。

【分布】国内广泛分布；国外分布于日本、朝鲜半岛、俄罗斯等。

①成虫

# 双翅目 Diptera

## 蝇科 Muscidae

家蝇 *Musca domestica* Linnaeus, 1758

【鉴别特征】体长 5.0~8.0 mm，体灰褐色。眼暗红色，触角灰黑色，领须棕黑色。前胸背面有 4 条黑色纵条纹，前胸侧板中央凹陷处具纤毛。翅脉棕黄色。足黑色，有灰黄色粉被。腹部椭圆形，第 1 腹板具纤毛，腹部正中有黑色宽纵纹。雄性两复眼距离较近，雌性较远。

【习性】常栖息于有机质丰富的环境。

【分布】世界广泛分布。

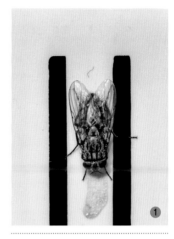

①成虫

## 丽蝇科 Calliphoridae

丝光绿蝇 *Lucilia sericata* (Meigen, 1926)

【鉴别特征】体长 5.0~10.0 mm，体绿色，具金属光泽。面部银白色，复眼红色，触角具芒状。胸部呈金属绿或蓝色带有彩虹色，前盾片灰色粉被明显。翅透明，翅肩鳞黑色，平衡棒黄色。足黑色，有时前足股节有绿色。雄性额较窄，雌性额宽大于头宽的 1/3。

【习性】常栖息于腥臭腐烂的动物及垃圾处。

【分布】世界广泛分布。

①成虫

**大头金蝇** *Chrysomya megacephala* (Fabricius, 1794)

【鉴别特征】体长 10.0~12.0 mm，体蓝绿色，具金属光泽。复眼红色。雄性接眼，复眼上部 2/3 的小眼面大于下部 1/3 的小眼面，二者界限明显。雌性离眼。

【习性】幼虫主要滋生于厕所、粪池等稀的人粪中以及腐败动物和垃圾中；成虫常饱食粪便后栖息在附近植物上，也访花。

【分布】世界广泛分布。

①成虫

**鼻蝇科 Rhiniidae**

**不显口鼻蝇** *Stomorhina obsoleta* (Wiedemann, 1830)

【鉴别特征】体长 7.0~9.0 mm，体狭长，密布生毛点。口吻如鼻外露而长，端部具绒毛。复眼黄绿色具绿色或褐色的条纹。触角第 2 节棕色，端节黄白色。胸部背面灰蓝色具椭圆形的刻点，背面无毛，有 3 条黑色纵纹。翅透明，近端部具灰褐色斑。

【习性】成虫访花，常在野花或花丛中见到，并见于树下小范围围飞。

【分布】国内广泛分布；国外分布于日本、朝鲜半岛、俄罗斯等。

①成虫

## 麻蝇科 Sarcophagidae
### 棕尾别麻蝇 *Sarcophaga peregrina* (Robineau~Desvoidy, 1830)

【鉴别特征】体长 10.0~12.0 mm，体灰褐色。颊部后方 1/2 长度具白色毛。胸部背面具 3 条黑色纵带，前胸侧板中央凹陷处具稀疏的黑色纤毛，有时仅 1~2 根。中鬃仅在小盾片前具 1 对。

【习性】成虫偶尔入室；幼虫主要滋生于厕所、化粪池、地表粪块等人畜的各种滋生物中，也滋生在屠宰场废弃物、发酵物中。

【分布】国内广泛分布；国外分布于日本、朝鲜半岛、欧洲、南亚、东南亚、澳大利亚。

①成虫

## 蚤蝇科 Phoridae
### 东亚异蚤蝇 *Megaselia spiracularis* Schmitz, 1938

【鉴别特征】体长 2.0~2.5 mm，体浅褐色。触角上鬃 2 对，其中上对长于下对，上对间距小于上额间鬃间距。小盾片鬃 2 对。腹部背面具黑褐色横纹。后足股节较宽，末端黑褐色。

【习性】常栖息于垃圾桶等环境。

【分布】国内分布于天津、北京、河北、辽宁、陕西、河南、江苏、浙江、江西、湖北、湖南、广东、广西、台湾等；国外分布于日本等。

①成虫

## 果蝇科 Drosophilidae

**黑腹果蝇** *Drosophila melanogaster* Meigen, 1830

①成虫

【鉴别特征】体长 2.5~3.0 mm，体浅黄色。复眼红色。触角第 3 节椭圆形或圆形。胸部和腹部具较密黑褐色短毛。翅有时具 2 个黑斑。雄性体型较小，腹部背面有 3 条黑纹，第 4、第 5 腹部背面全黑色，前足第 1 跗节端部具 1 黑色性梳。雌性体型较大，腹部背面有明显的 5 条黑色条纹，前足第 1 跗节无性梳。

【习性】常栖息于有腐烂、成熟水果的环境。

【分布】世界广泛分布。

## 食蚜蝇科 Syrphidae

**长尾管蚜蝇** *Eristalis tenax* (Linnaeus, 1758)

①成虫

【鉴别特征】体长 13.0~15.0 mm，复眼毛被棕色毛。中胸背板黑色，被黄白色毛。小盾棕黄色。翅透明，具褐色或黑褐色斑。腹部大部棕黄色，第 2 节具"工"形黑斑，前部达前缘，后部不达后缘，第 3 节具倒"T"形黑斑，不达后缘。雌性"工"形黑斑不达前后缘。

【习性】幼虫栖息于有机质丰富的环境中；成虫访花。

【分布】世界广泛分布。

### 短腹管蚜蝇 *Eristalis arbustorum* (Linnaeus, 1758)

【鉴别特征】体长 11.0~13.0 mm，复眼具棕色毛。中胸背板具 5 个黑褐色斑，中间 1 个大且长。小盾片透明，棕黄色。腹部背板第 2 节具"工"形黑斑，第 4 节黑色，后缘黄白色，或腹部无黄斑，各节仅在后缘为黄白色。雄性"工"形斑达前缘不达后缘，雌性黑斑较大。

【习性】幼虫腐食性；成虫访花。

【分布】国内分布于天津、北京、河北、山西、内蒙古、黑龙江、吉林、辽宁、陕西、甘肃、宁夏、青海、新疆、西藏、山东、河南、浙江、四川、湖南、湖北、福建、云南等；国外分布于印度、中亚、欧洲、北非、北美洲等。

①成虫

羽芒宽盾蚜蝇 *Phytomia zonata* (Fabricius, 1787)

【鉴别特征】体长 12.0~15.0 mm，体黑色，粗壮。复眼具浅灰色条纹。中胸背板前缘具黄色粉被，小盾片后缘具金黄色或橘黄色长毛。腹部短卵形，第 1 背板极短，亮黑色，两侧黄色；第 2 背板黄棕色，有时正中具暗中线；第 3、第 4 背板黄色，近前缘各有 1 对黄棕色较窄横斑；第 5 背板及尾器黑褐色。雄性接眼，雌性离眼。

【习性】幼虫栖息于有机质丰富的环境中；成虫访花。

【分布】国内分布于天津、北京、河北、内蒙古、黑龙江、辽宁、吉林、陕西、甘肃、河南、山东、江苏、浙江、四川、湖北、湖南、广东、广西、云南、海南等；国外分布于日本、朝鲜半岛、俄罗斯、东南亚等。

①成虫

黑带蚜蝇 *Episyrphus balteatus* (De Geer, 1776)

【鉴别特征】体长 8.0~11.0 mm，体黄色。头黑色，覆黄粉，被棕黄毛，头顶呈狭长三角形，触角橘红色，第 3 节背面黑色，面部黄色，颊大部分黑色，被黄毛。中胸盾片黑色，中央有 1 条狭长灰纹，两侧的灰纵纹更宽，在背板后端汇合。足黄色。腹部背面大部黄色，第 2~4 节除后端为黑横带外，近基部还有一狭窄黑横带，第 3、第 4 节横带约在基部 1/4 处，第 4 节后缘黄色，第 5 节全黄色或中央有一黑斑。

【习性】幼虫捕食多种蚜虫；成虫访花。

【分布】国内广泛分布；国外分布于亚洲、欧洲、北非、大洋洲等。

①成虫

黑色斑眼蚜蝇 *Eristalinus aeneus* (Scopoli, 1763)

【鉴别特征】体长 9.0~10.0 mm，体黑色，具光泽。复眼黄色至黄白色，密布红褐色或褐色斑。胸部亮黑色，具5条灰色纵带，雌性较雄性明显。腹部密被黄色或棕色毛。

【习性】幼虫腐食性，常栖息在污水、腐烂的有机质等环境中；成虫访花。

【分布】除南美洲外广泛分布。

①成虫

梯斑黑蚜蝇 *Melanostoma scalare* (Fabricius, 1794)

【鉴别特征】体长 8.0~10.0 mm，胸部和小盾片黑色，具闪光。雄性腹部较狭，第2节背板中部有黄斑1对，第3、第4节背板各有1对长方形黄斑。雌性腹部圆锥形，第3、第4节背板具三角形黄斑，第5节背板前缘有1对横置的黄斑。

【习性】幼虫捕食多种蚜虫；成虫访花。

【分布】国内分布于天津、北京、河北、陕西、甘肃、西藏、浙江、四川、湖北、福建、广东、广西、云南、台湾等；国外分布于东洋区、非洲等。

①成虫

大灰优蚜蝇 *Eupeodes corollae* (Fabricius, 1794)

【鉴别特征】体长 8.0~10.0 mm，胸部背面黑色，具铜色光泽，被黄毛。腹部第 2~4 背板各具大型黄斑 1 对。雄性腹部第 3、第 4 背板黄斑中间常相连，第 4、第 5 背板后缘黄色，第 5 背板大部黄色。雌性腹部第 3、第 4 背板黄斑常完全分离，第 5 背板大部黑色。

【习性】幼虫捕食棉蚜、棉长管蚜、豆蚜、桃蚜等；成虫访花。

【分布】国内分布于天津、北京、河北、山西、内蒙古、黑龙江、吉林、辽宁、陕西、甘肃、新疆、西藏、河南、江苏、浙江、上海、湖北、湖南、贵州、福建、广西、云南、台湾等；国外分布于日本、印度、马来西亚、欧洲、北非等。

①成虫

连斑条胸蚜蝇 *Helophilus continuus* Loew, 1854

【鉴别特征】体长 10.0~15.0 mm；中胸盾片黑色，具 4 条黄灰色纵纹。小盾片透明，黄色。腹部背板第 2、第 3 节中央具相连的灰白色短斑，第 4 节具 "W" 形灰白色纹。前、后足胫节一半黑色一半黄色，中足胫节黄色。

【习性】幼虫栖息在有机质丰富的水体中；成虫访花。

【分布】国内分布于天津、北京、河北、内蒙古、吉林、甘肃、新疆、西藏、四川等；国外分布于蒙古、阿富汗、俄罗斯等。

①成虫

蚜蝇与蜜蜂的区别

|  | 蚜蝇 | 蜜蜂 |
| --- | --- | --- |
| 口器 | 舐吸式 | 嚼吸式 |
| 触角 | 具芒状 | 膝状 |
| 翅 | 2 对，第 2 对特化成平衡棒 | 2 对，均膜质 |
| 后足 | 步行足 | 携粉足 |
| 腹部 | 无并胸腹节 | 有并胸腹节 |
| 行为 | 飞行时常悬停 | 飞行时无悬停 |

1. 头部

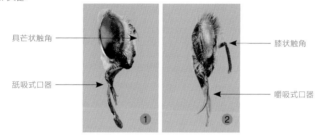

①蚜蝇头部　②蜜蜂头部

2. 足

①蚜蝇后足　②蜜蜂后足

## 寄蝇科 Tachinidae
腹长足寄蝇 *Dexia ventralis* Aldrich, 1925

【鉴别特征】体长 8.8~10.0 mm，头部间额黑褐色。触角金黄色，触角芒长于触角，羽状。雄性额宽约为复眼宽的 1/3，雌性额宽约为复眼宽。

【习性】幼虫寄生于丽金龟亚科的幼虫；成虫访花。

【分布】国内分布于天津、北京、河北、内蒙古、山西、辽宁、陕西、贵州等；国外分布于蒙古、俄罗斯、朝鲜半岛等，现引入北美洲。

①成虫

## 食虫虻科 Asilidae
### 中华单羽食虫虻 *Cophinopoda chinensis* Fabricius, 1794

【鉴别特征】体长 20.0~28.0 mm，体黄色至赤褐色。触角黄色至黄褐色，第 3 节黑色。胸背中央具成对的暗褐色纵纹和斑。翅淡黄褐色。足黑色，胫节黄色。雄性腹部暗褐色，雌性腹部黄褐色。

【习性】成虫捕食性，取食多种昆虫。

【分布】国内广泛分布；国外分布于日本、朝鲜半岛等。

①雄性　②雌性

①成虫

蛾蚋科 Psychodidae
星斑蛾蠓 *Psychoda alternata* Say, 1824

【鉴别特征】体长 2.0~3.0 mm，体灰色至暗褐色，体表遍布鳞毛。触角 15 节，第 13、第 14 节愈合具毛。前翅密布灰褐色毛，翅基部和中部具白色毛，纵脉端部具黑褐色斑。休息时两翅呈屋脊状，置于腹背。

【习性】常栖息于室内，卫生间最常见。

【分布】世界广泛分布。

白斑蛾蠓 *Clogmia albipunctatus* (Williston, 1893)

【鉴别特征】体长 2.0~4.0 mm，体浅褐色至黑褐色，密被绒毛。触角 16 节。翅遍布灰色细毛，每翅面具 2 个黑色毛丛，翅缘具白色毛丛。

【习性】幼虫主要栖息于臭水沟或水槽 U 形排水管积水中，成虫常在厕所或户外水沟、积水处、井盖口附近活动。

【分布】世界广泛分布。

①成虫

## 蚊科 Culicidae
### 白纹伊蚊 *Aedes albopictus* (Skuse, 1894)

【鉴别特征】体长 5.0~7.0 mm，体黑色，体侧、腹部及足具白斑。中胸盾片上有 1 条银白窄鳞形成的中央纵条。翅基前有 1 个银白宽鳞簇。

【习性】常喜栖息在阴暗、避风区域，滋生在积水的缸、罐、桶等容器以及树洞、石穴中。雄性不吸食人血。

【分布】世界广泛分布。

①雄性　②雌性

淡色库蚊 *Culex pipiens* Linnaeus, 1758

【鉴别特征】体长 5.0~7.0 mm，体淡褐色。中胸背板无白色条纹。腹背各节基部有灰色横带，带的后缘平直。雄性触角长于喙。雌性触角短于喙，喙与足深褐色，无白环。

【习性】滋生于人居附近中度污染的积水中，如城市里的污水池、臭水沟、化粪池、雨水井积水、下水道积水、浇花用的肥水缸等。雄性不吸食人血。

【分布】国内广泛分布；国外分布于古北区、美洲等。

①雄性 ②雌性 ③幼虫 ④蛹 ⑤卵

摇蚊科 Chironomidae

中华摇蚊 *Chironomus sinicus* Kiknadze, Wang, Istomina & Gunderina, 2005

【鉴别特征】体长 10.0~15.0 mm，体黄褐色至黑褐色。胸部鬃毛多而长。翅透明，臀叶外凸，腋瓣缘毛 14~22 根。腹部第 2~4 节背板具黑色椭圆形斑。前足跗节具长须毛。

【习性】幼虫水生，常栖息于大型河流、水库、人造湖泊等环境。成虫口器退化，常栖息于水边阔叶或树干上，具婚飞习性。

【分布】国内分布于天津、河北、内蒙古、宁夏、浙江、广东、云南等；国外分布于日本、欧洲等。

①雄性　②雌性

红裸须摇蚊 *Propsilocerus akamusi* (Tokunaga, 1938)

【鉴别特征】体长 10.0~12.0 mm，体棕色至深棕色。眼无背中突。下唇须较短，无中鬃。翅透明，无毛，后足无胫栉。雄性抱器端节二分叉，端刺发达且骨化，肛尖发达，上附器指状，中附器具 2~3 根刚毛。

【习性】幼虫水生，常栖息于大型河流、水库、人造湖泊等环境。成虫口器退化，常栖息于水边阔叶或树干上，具婚飞习性。

【分布】国内分布于天津、北京、河北、辽宁、湖北等；国外分布于日本、朝鲜半岛等。

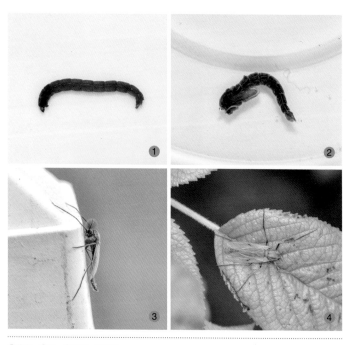

①幼虫 ②蛹 ③雄性 ④雌性

# 鳞翅目 Lepidoptera

## 凤蝶科 Papilionidae

### 玉带凤蝶 *Papilio polytes* Linnaeus, 1758

【鉴别特征】翅展 75.0~95.0 mm，翅黑色，雌雄异型。雄性前翅背面外缘有 1 列白斑；后翅中部具 1 列白色带状斑，腹面外缘有橙红色新月斑。雌性多型，斑纹变化极大，或拟态雄性，或后翅中部有多个白色或红色斑。

【习性】寄主为柑橘、双面刺、花椒等芸香科植物。

【分布】国内广泛分布；国外分布于日本、东南亚等。

【注】天津地区分布的为指名亚种 *Papilio polytes polytes* Linnaeus, 1758。

①雌性红斑型（背面）　②雌性白斑型（背面）　③雄性（背面）　④雌性拟雄型（背面）

绿带翠凤蝶 *Papilio maackii* Ménétriés, 1859

【鉴别特征】翅展 75.0~130.0 mm，分为春、夏两型，其体型差别极大，春型雌、雄性均小于夏型。翅黑色，背面布满蓝色和翠绿色鳞片，腹面的金色鳞片多且散布面积大。前翅亚缘具翠绿色横带；后翅背面亚外缘具红色新月纹。雄性前翅中室外侧具绒毛状性标。

【习性】寄主主要为芸香科黄檗。

【分布】国内分布于天津、北京、河北、黑龙江、吉林、四川、湖北、江西、云南、台湾等；国外分布于日本、朝鲜半岛、俄罗斯等。

【注】天津地区分布的为指名亚种 *Papilio maackii maackii* Ménétriés, 1859。

①雌性春型（左：背面，右：腹面）　②雌性夏型（左：背面，右：腹面）

①雄性春型（左：背面，右：腹面）　②雄性夏型（左：背面，右：腹面）

碧凤蝶 *Papilio bianor* Cramer, 1777

【鉴别特征】翅展 90.0~125.0 mm，体翅黑色。前翅端半部色淡，翅脉间多散布金黄色、金蓝色或金绿色鳞片；后翅亚外缘有 6 个粉红色或蓝色飞鸟形斑，臀角有 1 个半圆形粉红色斑，翅中域特别是近前缘形成大片蓝色区，腹面色淡。雄性前翅臀角区具绒毛状性斑。

【习性】寄主为贼仔树、食茱萸、飞龙掌血、柑橘、花椒、黄柏等。

【分布】国内广泛分布；国外分布于日本、朝鲜半岛、俄罗斯、越南、缅甸、印度、马来西亚等。

【注】天津地区分布的为指名亚种 *Papilio bianor bianor* Cramer,1777。

① 雌性春型(左:背面,右:腹面)　② 雌性夏型(左:背面,右:腹面)

①雄性春型（左：背面，右：腹面） ②雄性夏型（左：背面，右：腹面）

柑橘凤蝶 *Papilio xuthus* Linnaeus, 1767

【鉴别特征】翅展 80.0~110.0 mm，翅花纹白色或黄白色。前翅中室基半部有放射状斑纹 4~5 条，端半部有 2 个横斑；后翅亚外缘区有 1 列蓝色斑，有时不明显，外缘区有 1 列弯月形斑纹，臀角有 1 个环形或半环形红色斑纹。雌雄异型，且分为春、夏两型。春型较夏型体型稍小，颜色较鲜艳。夏型雄性后翅前缘具 1 个黑斑，雌性无。

【习性】寄主为柑橘、花椒、臭檀、吴茱萸、黄檗等。

【分布】国内广泛分布；国外分布于日本、朝鲜半岛、缅甸、菲律宾、越南等。

【注】天津地区分布的为指名亚种 *Papilio xuthus xuthus* Linnaeus, 1767。

①雌性春型（背面）　②雌性夏型（背面）　③雄性春型（背面）　④雌性夏型（背面）

①低龄幼虫　②老熟幼虫　③预蛹　④蛹　⑤成虫

**金凤蝶** *Papilio machaon* Linnaeus, 1758

【鉴别特征】翅展 75.0~120.0 mm，翅面金黄色，前翅基部的 1/3 散布黄色鳞片，外缘具 8 个金黄色新月形斑；后翅外缘波状，有 6 个月牙形斑，亚外缘有 6 个模糊的蓝斑，臀角有 1 个红色圆斑。翅腹面黄色，蓝色斑较正面清晰。

【习性】寄主为茴香、胡萝卜、芹菜等伞形科植物。

【分布】国内分布于天津、北京、河北、内蒙古、山西、黑龙江、吉林、辽宁、陕西、甘肃、青海、新疆、西藏、河南、山东、云南、四川、江西、浙江、广东、广西、福建、台湾等；国外分布于欧洲、北美洲等。

【注】天津地区分布的为中华亚种 *Papilio machaon venchuanus* Moonen, 1984。

① 雄性（背面）　② 雌性（背面）

①幼虫 ②预蛹 ③蛹

## 柑橘凤蝶与金凤蝶的区别

前翅中室基半部有4~5条放射状斑纹

体色较浅，为白色或淡黄色

前翅中室基半部无斑纹，散布金黄色鳞片

体色较深，为金黄色

①柑橘凤蝶 ②金凤蝶

丝带凤蝶 *Sericinus montela* Grey, 1852

【鉴别特征】翅展 45.0~75.0 mm，雌雄异型。雄性翅面白色至浅黄色，有黑色斑纹，前后翅外缘有断续的红色斑。雌蝶翅面黄色有黑褐色斑纹，臀角附近具明显的红色带和蓝斑。分为春、夏两型，春型雌、雄性均略小于夏型，体色较夏型略深，尾突明显短于夏型。

【习性】寄主为马兜铃。

【分布】国内分布于天津、北京、河北、山西、黑龙江、吉林、辽宁、陕西、甘肃、宁夏、山东、河南、江西、福建、广东、广西、云南等；国外分布于日本、朝鲜半岛、俄罗斯等。

①幼虫　②雄性春型（背面）

①雄性夏型（背面）　②雌性春型（背面）　③雌性夏型（背面）

**冰清绢蝶** *Parnassius glacialis* Butler, 1866

【鉴别特征】翅展 60.0~75.0 mm，翅面淡黄白色，翅脉黑褐色。体密被黄色或白色毛。前翅外缘带和亚外缘带灰色，中室内和中室端各有 1 个灰色横斑，有时不明显；后翅后缘有 1 条黑色宽纵带。翅腹面与背面相似。雌性斑纹较雄性明显，尾端有 1 个角质臀袋。

【习性】寄主为马兜铃科马兜铃、罂粟科紫堇属等植物。

【分布】国内分布于天津、北京、河北、山西、黑龙江、吉林、辽宁、陕西、甘肃、山东、河南、浙江、安徽、贵州等；国外分布于日本、朝鲜半岛等。

①雄性（背面）　②雌性（背面）　③臀袋

## 灰蝶科 Lycaenidae
### 红灰蝶 *Lycaena phlaeas* (Linnaeus, 1761)

【鉴别特征】翅展 35.0~40.0 mm，翅背面橙红色。前翅中室的中部和端部各具 1 个黑斑，中室外自前到后有 3-2-2 三组黑斑。翅腹面橙黄色，外缘灰褐色，内侧有黑点。后翅亚缘有 1 条橙红色带，翅腹面灰黄色，散布黑斑，亚缘橙红色。尾突微小，端部黑色。

【习性】寄主为何首乌、酸模、皱叶酸模等蓼科植物以及苘麻等锦葵科植物。

【分布】国内分布于天津、北京、河北、辽宁、黑龙江、吉林、陕西、河南、新疆、西藏、江苏、浙江等；国外分布于日本、朝鲜半岛、北非、欧洲等。

①成虫（上：背面，下：腹面）

### 点玄灰蝶 *Tongeia filicaudis* (Pryer, 1877)

【鉴别特征】翅展 20.0~25.0 mm，背面黑褐色，腹面灰白色，缘毛白色。前翅背面外缘线黑色，内有 2 列黑斑，中室及其下方共有 3 个黑斑；后翅腹面外缘具 1 列排成弧形的黑斑，亚外缘有 1 列蓝色和橙红色斑，尾突短细。

【习性】寄主为景天科植物。

【分布】国内分布于天津、北京、河北、山西、陕西、山东、河南、浙江、安徽、江西、四川、台湾等；国外分布于日本等。

①成虫（上：背面，下：腹面）

蓝灰蝶 *Everes argiades* (Pallas, 1771)

【鉴别特征】翅展 20.0~30.0 mm，翅腹面灰白色，黑斑纹退化。前翅腹面中室端纹淡褐色，近亚外缘有 1 列黑斑，外缘有 2 列淡褐色斑；后翅腹面近基部有 2 个黑斑，外缘有 2 列淡褐色斑，臀角处具橙色，其外侧 2 个黑斑较大。尾突白色，中间有黑色。雌雄异型。雄性翅背面青紫色，前翅外缘、后翅前缘与外缘褐色。雌性翅背面暗褐色，后翅背面近臀角处各有 2 个橙黄色斑。

【习性】寄主为大豆、豌豆、大巢菜、苜蓿、紫云英等豆科植物。

【分布】国内分布于天津、北京、河北、内蒙古、陕西、西藏、黑龙江、山东、河南、浙江、上海、江西、四川、贵州、福建、云南、海南、台湾等；国外分布于日本、朝鲜半岛、欧洲、美洲等。

①雄性(左：背面，右：腹面)　②雌性(左：背面，右：腹面)

红珠灰蝶 *Plebejus argyrognomon* (Bergstrasser, 1779)

【鉴别特征】翅展 30.0~35.0 mm，雌雄异型。雄性翅面蓝紫色，前翅无斑；后翅外缘有黑斑。雌性翅面黑褐色，后翅外缘黑斑有红环。

【习性】寄主为木兰科木兰和豆科苜蓿等植物。

【分布】国内分布于天津、北京、河北、山西、黑龙江、吉林、辽宁、陕西、甘肃、青海、新疆、山东、四川等；国外分布于日本、朝鲜半岛、欧洲等。

①雄性（左：背面；右：腹面）　②雌性（左：背面；右：腹面）

多眼灰蝶 *Polyommatus eros* (Ochsenheimer, 1808)

【鉴别特征】翅展 30.0~35.0 mm，翅腹面灰白色，前翅有 2 列黑斑，中间夹有橙红色带，中室内有 1 个斑，该斑下方另有 1 个小黑斑；后翅黑斑排列与前翅相似，另在基部有 1 列 4 个黑斑。雌雄异型。雄性翅背面天蓝色，前后翅外缘黑色，内侧有黑色圆点列。雌性暗褐色，除缘点外有橙红色斑，前后翅各 6 个。

【习性】寄主为豆科米口袋属植物。

【分布】国内分布于天津、河北、山西、黑龙江、吉林、山东、陕西、宁夏、甘肃、青海、西藏、河南、四川等；国外分布于欧洲等。

①雄性(左：背面；右：腹面)　②雌性(左：背面；右：腹面)

琉璃灰蝶 *Celastrina argiolus* (Linnaeus, 1758)

【鉴别特征】翅展 20.0~30.0 mm，前后翅腹面白色，外缘有 3 列黑斑，后翅黑斑分布不规则。雌雄异型。雄性翅背蓝灰色，边缘黑褐色。雌性翅黑褐色，仅前翅中部蓝灰色。

【习性】寄主为苹果、李、鼠李、刺槐、醋栗、山楂、胡枝子、蚕豆、山绿豆、苦参、紫藤等。

【分布】国内分布于天津、北京、河北、山西、黑龙江、吉林、辽宁、陕西、甘肃、青海、西藏、山东、河南、浙江、江西、四川、湖南、贵州、福建、云南、香港、台湾等；国外分布于日本、朝鲜半岛、东南亚、南亚、欧洲、北美洲、非洲等。

①雄性(左：背面；右：腹面)  ②雌性(左：背面；右：腹面)

# 弄蝶科 Hesperiidae

## 黑弄蝶 *Daimio tethys* Ménétriés, 1857

【鉴别特征】翅展 30.0~40.0 mm，翅面黑色，斑纹和缘毛均为白色。前翅顶角处有 3 个斑纹，其下侧有 2 个极小的斑点，中域有 5 个大小不等的白斑，翅腹面斑纹同背面；后翅无斑，仅在翅中域有淡色痕迹或有白色带，其外缘有黑斑，翅腹面有蓝灰色鳞毛，斑纹同正面。

【习性】寄主为壳斗科蒙古栎和薯蓣科穿龙薯蓣。

【分布】国内分布于天津、北京、河北、山西、黑龙江、吉林、辽宁、山东、陕西、甘肃、河南、江西、江苏、浙江、安徽、四川、湖南、湖北、福建、云南、台湾等；国外分布于日本、朝鲜半岛、缅甸等。

【注】天津地区分布的为指名亚种 *Daimio tethys tethys* Ménétriés, 1857。

①成虫（背面）

## 隐纹谷弄蝶 *Pelopidas mathias* (Fabricius, 1798)

【鉴别特征】翅展 35.0~40.0 mm，翅面黑褐色，被黄绿色鳞片。雄性前翅上有 8 个半透明的白斑，排成不整齐环状，中室外侧有 1 条灰色线状性标；后翅黑灰赭色，腹面有 5 个排成弧形的白色斑。雌性前翅无性标，在中域白斑的下方还有 2 个斑；后翅腹面具 5~7 个白斑，中室内也有 1 个。

【习性】寄主为禾本科水稻、玉米、高粱、谷子、甘蔗、芒草、白茅等。

【分布】国内分布于天津、北京、辽宁、陕西、甘肃、山东、河南、浙江、江西、四川、湖北、福建、广东、云南、贵州、海南、台湾等；国外分布于日本、朝鲜半岛、巴基斯坦、斯里兰卡、缅甸、马来西亚、印度尼西亚、埃及等。

①成虫（背面）

直纹稻弄蝶 *Parnara guttata* (Bremer & Grey, 1853)

【鉴别特征】翅展 25.0~40.0 mm，翅面黑褐色。前翅具 7~8 个白斑，排列成环状；后翅中央有 4 个白色透明斑。翅腹面色淡，被有黄粉，斑纹和背面相似。雄性前翅中室端 2 个斑大小基本一致，后翅第 1、第 3 白斑略下移。雌性前翅中室斑上大下小，后翅白斑 4 个则排列成一条斜线。

【习性】寄主为天南星科和禾本科植物。

【分布】国内分布于天津、河北、黑龙江、宁夏、甘肃、陕西、山东、河南、江苏、安徽、浙江、江西、四川、湖北、湖南、福建、贵州、广东、广西、云南、台湾等；国外分布于日本、朝鲜半岛、俄罗斯、越南、老挝、缅甸、马来西亚、印度等。

①成虫（背面）

## 眼蝶科 Satyridae
矍眼蝶 *Ypthima baldus* (Fabricius, 1775)

【鉴别特征】翅展 40.0~45.0 mm，翅面深褐色，腹面密布灰褐色细纹。前翅具 1 个黑色眼斑，外围以黄圈围绕，中间有 2 个蓝白色瞳点；后翅具 6 个围以黄圈的黑色眼斑，中间 2 个大而明显。前翅腹面眼斑同正面，但更清晰；后翅腹面各有眼斑 6 个，每两个互相靠近，臀角处的两个最小，瞳点蓝白色。

【习性】寄主为禾本科植物。

【分布】国内分布于天津、北京、山西、黑龙江、甘肃、青海、西藏、河南、浙江、江西、四川、湖北、湖南、福建、广东、广西、海南、台湾等；国外分布于印度、缅甸、马来西亚、尼泊尔、不丹、巴基斯坦等。

【注】天津地区分布的为指名亚种 *Ypthima baldus baldus* (Fabricius, 1775)。

①雄性（左：背面，右：腹面）　②雌性（左：背面，右：腹面）

东亚矍眼蝶 *Ypthima motschulskyi* (Bremer & Gray, 1852)

【鉴别特征】翅展 35.0~45.0 mm，翅面黑褐色。前翅近顶角有 1 个黑色眼斑，中间有 2 个蓝白色瞳点，眼斑外围具黄色圈；后翅顶角眼斑大但不清晰，近臀角有 1 个饰以黄色圈的黑色眼斑。翅腹面密布褐色细纹。前翅腹面眼斑同正面，但更大更明显；后翅腹面眼斑明显，臀角处多 1 个具双瞳点的黑色眼斑。

【习性】寄主为禾本科植物。

【分布】国内分布于天津、北京、河北、山西、黑龙江、陕西、河南、浙江、江西、四川、湖北、湖南、贵州、福建、广东、广西、海南等；国外分布于日本、朝鲜半岛、澳大利亚等。

①成虫（上：背面，下：腹面）

蛇眼蝶 *Minois dryas* (Scopoli, 1763)

【鉴别特征】翅展 55.0~65.0 mm，翅面黑褐色。前翅中室外端有 2 个黑色眼斑，瞳点青蓝色；后翅近臀角处有 1 个小黑色眼斑。翅腹面颜色较浅，前翅 2 枚眼纹明显较正面大，具黄色环；后翅有 1 条不太清晰的弧形白带，内侧饰以深色波纹，翅基的白带有或无。雌性翅颜色较雄性略淡，眼斑明显较雄性大。

【习性】寄主为水稻、羊茅、早熟禾等禾本科及薹草等莎草科植物。

【分布】国内分布于天津、北京、河北、黑龙江、吉林、辽宁、陕西、甘肃、青海、宁夏、新疆、山东、河南、浙江、江西、福建等；国外分布于日本、朝鲜半岛、欧洲等。

【注】天津地区分布的为二点亚种 *Minois dryas bipunctatus* (Motschulsky, 1861)。

①雄性(左: 背面, 右: 腹面) ②雌性(左: 背面, 右: 腹面)

爱珍眼蝶 *Coenonympha oedippus* (Fabricius, 1787)

【鉴别特征】翅展 35.0~40.0 mm，翅面暗褐色，腹面黄褐色。前翅腹面亚外缘有大小不一的黑色眼斑，外围黄色，瞳点白色，雄性为 1~2 个或消失，雌性为 3~4 个；后翅腹面前缘中部有 1 个眼斑，亚外缘有 5 个眼斑。

【习性】寄主为禾本科和莎草科植物。

【分布】国内分布于天津、北京、山西、黑龙江、吉林、辽宁、陕西、甘肃、山东、河南、江西等；国外分布于日本、朝鲜半岛、欧洲等。

【注】天津地区分布的为北方亚种 *Coenonympha oedippus magna* Heyne, 1895。

①雄性(左：背面，右：腹面)　②雌性(左：背面，右：腹面)

牧女珍眼蝶 *Coenonympha amaryllis* (Stoll, 1782)

【鉴别特征】翅展 35.0~40.0 mm，翅面橙黄色，基部黑色，缘毛白色。前翅腹面亚缘区有 4 个黑色眼斑，外围色浅，瞳点白色；后翅腹面亚缘区有 6 个黑色眼斑，外围黄色，瞳点白色。前后翅腹面亚缘线银白色，波状，内侧有橙色和褐色条纹。

【习性】寄主为香附子、油莎豆等莎草科植物以及豆科、石蒜科植物。

【分布】国内分布于天津、北京、河北、黑龙江、吉林、辽宁、宁夏、陕西、甘肃、青海、新疆、山东、河南、浙江等；国外分布于朝鲜半岛等。

【注】天津地区分布的为指名亚种 *Coenonympha amaryllis amaryllis* (Stoll, 1782)。

①成虫（背面）

## 蛱蝶科 Nymphalidae
### 朴喙蝶 *Libythea celtis* (Laicharting, 1782)

【鉴别特征】翅展 45.0~50.0 mm，翅面黑褐色。下唇须很长，呈喙状。前翅顶角斜截，下方突出呈钩状，近顶角有 3 个小白斑，中室有 1 个橙色钩状斑；后翅外缘锯齿状，中部有 1 个橙色带状斑，翅腹面褐色。雄性前足被长鳞毛，雌性前足不被长鳞毛。

【习性】寄主为朴树。

【分布】国内分布于天津、北京、河北、山西、辽宁、陕西、甘肃、河南、湖北、浙江、四川、福建、贵州、广西、台湾等；国外分布于日本、朝鲜半岛、印度、缅甸、泰国、斯里兰卡、欧洲等。

【注】天津地区分布的为大陆亚种 *Libythea celtis chinensis* Fruhstorfer, 1909。

①成虫(上：背面，下：腹面)

猫蛱蝶 *Timelaea maculata* (Bremer & Grey, 1852)

【鉴别特征】翅展 45.0~55.0 mm，翅面橘黄色，密布黑色斑。前翅外缘具 2 列圆斑，从翅基后半部向外具 3 条黑色纵带，近中室的最短；后翅外缘锯齿状，黑色。翅腹面斑纹同背面，前翅大部为淡黄色，后翅大部为白色。

【习性】寄主为朴树、石朴等榆科植物。

【分布】天津、北京、河北、陕西、甘肃、青海、西藏、河南、江苏、浙江、江西、湖北、福建等。

①成虫（背面）

白斑迷蛱蝶 *Mimathyma schrenckii* (Ménétriès, 1859)

【鉴别特征】翅展 75.0~90.0 mm，翅面黑色。前翅顶角具 2 个白斑，中域有 1 条外斜白带，白带后缘有 2 个橙色斑，后缘中央有 2 个小白斑；后翅亚外缘具 2~3 个白斑，中域有 1 个大白斑，白斑边缘有蓝色闪光。前翅腹面基部青白色，翅顶角银白色，外缘棕褐色，白带内外侧蓝黑色；后翅腹面银白色，前缘和外缘棕褐色，从前缘至臀角有 1 条棕褐色带。雌性翅面较雄性宽大。

【习性】寄主为榆、光榆等榆科植物。

【分布】国内分布于天津、北京、河北、山西、黑龙江、吉林、河南、陕西、甘肃、浙江、四川、湖南、福建、云南等；国外分布于朝鲜半岛、俄罗斯等。

①雄性(左：背面，右：腹面)　②雌性(左：背面，右：腹面)

**柳紫闪蛱蝶** *Apatura ilia* (Denis & Schiffermüller, 1775)

【鉴别特征】翅展 60.0~65.0 mm，翅面黄色、褐色、黑褐色等。前翅具 1 外围黄褐色的黑斑，翅中室具 4 个黑点；后翅中央有 1 条浅黄色或白色带，并有 1 个与前翅相似的眼斑，亚缘有 7 个独立的黄褐色斑。前翅腹面淡褐色，4 个黑点较前翅明显；后翅腹面黄褐色，斑纹较正面不明显。雄性翅背面具闪蓝色或紫色金属光泽，雌性无。

【习性】寄主为垂柳、旱柳、毛白杨等杨柳科植物。

【分布】国内广泛分布；国外分布于朝鲜半岛、欧洲等。

【注】天津地区分布的为华北亚种 *Apatura ilia substituta* Butler, 1873。

①雄性（左：背面，右：腹面） ②雌性（左：背面，右：腹面）

黑脉蛱蝶 *Hestina assimilis* (Linnaeus, 1758)

【鉴别特征】翅展 70.0~80.0 mm，翅面淡绿色，翅脉及两侧黑褐色。后翅臀角处有红斑。翅腹面斑纹同正面。淡色型翅面淡绿色，后翅外缘黑色，无红斑。

【习性】寄主为朴树、石朴、小叶朴等榆科植物。

【分布】国内分布于天津、北京、河北、山西、黑龙江、辽宁、陕西、甘肃、西藏、山东、河南、江苏、浙江、江西、四川、湖北、湖南、福建、广东、广西、云南、台湾等；国外分布于日本、朝鲜半岛等。

【注】天津地区分布的为指名亚种 *Hestina assimilis assimilis* Linnaeus, 1758。

①成虫（背面） ②淡色型（背面）

**拟斑脉蛱蝶** *Hestina persimilis* (Westwood, 1850)

【鉴别特征】翅展 55.0~65.0 mm，翅面黑色，斑纹白色或淡绿色。有多型现象，深色型与黑脉蛱蝶相似，但翅外缘少 1 列色斑，后翅中室有柳叶状白斑，臀角处无红色斑。翅腹面与翅背面斑纹相似，但颜色较淡。淡色型前、后翅背面灰绿色，仅翅脉为黑色的条纹，翅脉间点缀灰白色斑点。

【习性】寄主为朴树、狭叶朴等榆科植物。

【分布】国内分布于天津、北京、河北、陕西、河南、浙江、湖北、福建、广西、云南、台湾等；国外分布于印度、日本、朝鲜半岛等。

【注】天津地区分布的为指名亚种 *Hestina persimilis persimilis* （Westwood, 1850）。

①成虫（上：背面，下：腹面）

①淡色型（左：背面，右：腹面）

黑脉蛱蝶淡色型与拟斑脉蛱蝶淡色型的区别

前翅外缘
具 2 列绿
色斑

前翅外缘
具 1 列绿
色斑

①黑脉蛱蝶 ②拟斑脉蛱蝶

**大紫蛱蝶** *Sasakia charonda* (Hewitson, 1863)

【鉴别特征】翅展 80.0~115.0 mm，雌雄异型。雄性前、后翅背面基半部蓝紫色具金属光泽，其余暗褐色；前翅中室有 1 个白斑，有时断开，中室下方有 2 个白斑，亚外缘有 1 列黄色斑；后翅中室有 2 个大白斑，亚外缘有 1 列黄色斑，臀角有红色斑。雌性前、后翅背面暗褐色，斑纹与雄性相似；前翅腹面大部分黑褐色；后翅腹面青绿色。

【习性】寄主为朴树等榆科植物。

【分布】国内分布于天津、北京、河北、山西、黑龙江、吉林、辽宁、陕西、河南、浙江、江西、湖北、湖南、台湾等；国外分布于日本、朝鲜半岛等。

【注】天津地区分布的为朝鲜亚种 *Sasakia charonda coreana* Leech, 1887。

①雄性（左：背面，右：腹面）　②雌性（左：背面，右：腹面）

二尾蛱蝶 *Polyura narcaeus* (Hewitson, 1854)

【鉴别特征】翅展 45.0~65.0 mm，翅面绿色。前翅基部和前缘黑色，外缘和亚外缘各具 1 条黑色带，中室黑带分别与前缘和亚外缘黑带相连。后翅外缘与亚外缘黑色，其间淡绿色，自翅前缘至臀角有 1 条黑带，尾突各 2 个，边缘黑色，内部蓝色。翅腹面淡绿色，条纹同正面，颜色为红褐色，内侧具银边，后翅边缘具 1 列黑色小斑。

【习性】寄主为榆科、蔷薇科、豆科、含羞草科、蝶形花科植物。

【分布】国内分布于天津、北京、河北、山西、陕西、甘肃、山东、河南、江苏、浙江、江西、四川、湖北、湖南、贵州、福建、广东、广西、云南、台湾等；国外分布于印度、泰国、缅甸、越南等。

【注】天津地区分布的为指名亚种 *Polyura narcaeus narcaeus* (Hewitson, 1854)。

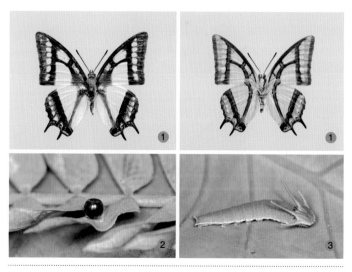

①成虫（左：背面，右：腹面）　②卵　③幼虫

孔雀蛱蝶 *Inachis io* (Linnaeus, 1758)

【鉴别特征】翅展 55.0~60.0 mm，翅面朱红色。前翅外缘褐色，亚外缘具 5 个白斑，顶角具 1 个大型眼斑，眼斑中心红色，周边呈现从黄色—浅粉色—粉蓝色的过渡；后翅大部分灰褐色，顶角具 1 个黑色眼斑，外围淡黄色，内部蓝色。翅腹面暗褐色，密布黑褐色波状纹。

【习性】寄主为葎草、车前以及荨麻科植物。

【分布】国内分布于天津、北京、河北、山西、黑龙江、吉林、辽宁、陕西、甘肃、宁夏、青海、新疆、云南等；国外分布于日本、朝鲜半岛、欧洲等。

①成虫（上：背面，下：腹面）

大红蛱蝶 *Vanessa indica* Herbst, 1794

【鉴别特征】翅展 55.0~65.0 mm，翅面黑褐色。前翅顶角有 4 个白斑，后 2 个呈点状，翅中部有 1 条不规则红色宽带；后翅暗褐色，外缘红色，内有 1 列黑斑。前翅腹面顶角茶褐色，中室末端有蓝色细线；后翅腹面具茶褐色网纹，近外缘有 4 个模糊的眼斑。

【习性】寄主为荨麻科、榆科、椴树科等植物。

【分布】国内广泛分布；国外分布于亚洲东部、欧洲、非洲等。

【注】天津地区分布的为指名亚种 *Vanessa indica indica* Herbst, 1794。

①雄性（上：背面，下：腹面）

小红蛱蝶 *Vanessa cardui* (Linnaeus, 1758)

【鉴别特征】与大红蛱蝶相似。翅展 45.0~65.0 mm，前翅淡褐色，翅基部密布淡黄色鳞片，翅中部橙黄色；后翅后缘内侧密布黄色长鳞毛，翅面橙黄色，臀角具黑斑，内部蓝色。后翅腹面淡褐色，密布白色网状纹，具 4~5 个眼斑。

【习性】寄主为堇菜科、荨麻科、忍冬科、豆科、杨柳科、菊科、榆科、十字花科、大戟科、茜草科等植物。

【分布】世界广泛分布。

【注】天津地区分布的为指名亚种 *Vanessa cardui cardui* (Linnaeus, 1758)。

①成虫（上：背面，下：腹面）

白矩朱蛱蝶 *Nymphalis vaualbum* (Denis & Schiffermüller, 1775)

【鉴别特征】翅展 55.0~60.0 mm，翅面红褐色，外缘锯齿状。前翅外缘淡褐色，内侧具 1 列模糊黄斑，翅面具不规则黑斑，翅顶角有 1 个白斑。后翅前缘黑白相间。翅腹面淡褐色，后翅具 1 个白色钩状斑。

【习性】寄主为柳、杨等杨柳科植物。

【分布】国内分布于天津、北京、山西、吉林、陕西、新疆、云南等；国外分布于蒙古、日本、朝鲜半岛、巴基斯坦、欧洲等。

【注】天津地区分布的为指名亚种 *Nymphalis vau-album vau-album* (Denis & Schiffermuller, 1775)。

①成虫（上：背面，下：腹面）

黄钩蛱蝶 *Polygonia c-aureum* (Linnaeus, 1758)

【鉴别特征】翅展 45.0~55.0 mm，本种与白钩蛱蝶相似，区别：本种前翅中室具 3 个黑斑，前翅臀角和后翅外侧黑斑内具蓝色鳞片，前后翅外缘较白钩蛱蝶尖锐。分春、夏、秋 3 型。

【习性】寄主为蔷薇科、松科、桑科、榆科、芸香科等植物。

【分布】国内除西藏外广泛分布；国外分布于蒙古、日本、朝鲜半岛、俄罗斯、越南等。

【注】天津地区分布的为指名亚种 *Polygonia c-aureum c-aureum* (Linnaeus, 1758)。

①成虫（上：背面，下：腹面）

黄钩蛱蝶与白钩蛱蝶的区别:

此处有1个黑斑

前后翅黑色斑内有蓝色鳞片

前后翅边缘较尖锐

此处无黑斑

前后翅黑色斑内无蓝色鳞片

前后翅边缘较圆钝

① ②

①黄钩蛱蝶 ②白钩蛱蝶

折线蛱蝶 *Limenitis sydyi* Lederer, 1853

【鉴别特征】翅展 50.0~55.0 mm，翅面黑褐色。前翅顶角有 2 个白斑，中室端有 1 个白色横纹，中室外侧有 1 列白斑；后翅中域有 1 条白色宽带。前翅腹面红褐色，中室下侧黑褐色，中室内有 2 个围有黑线的白斑；后翅腹面基半部、中带和外缘青白色，其余赭褐色，近基部有黑斑和黑线，翅外缘有 1 条褐色波状纹，亚缘有 2 列黑斑。雄性背面白斑常围有蓝紫色。

【习性】寄主为绣线菊、三桠绣线菊。

【分布】国内分布于天津、北京、河北、山西、黑龙江、吉林、辽宁、内蒙古、新疆、宁夏、陕西、甘肃、河南、浙江、江西、四川、湖北、云南等；国外分布于蒙古、朝鲜半岛、俄罗斯等。

①雄性（左：背面，右：腹面）　②雌性（左：背面，右：腹面）

锦瑟蛱蝶 *Seokia pratti* (Leech, 1890)

【鉴别特征】翅展 60.0~70.0 mm，翅背面黑褐色，翅腹面色淡。前翅中室内有 2 个横纹，中带白斑呈阶梯状，外线红色；后翅具排列成线状的白色和红色斑。前翅腹面斑纹同背面，但白斑更明显；后翅腹面前缘红色，中室具 2 个三角形红斑和 3 个黑斑。雌性翅中部白斑较雄性发达，前翅外缘较圆。

【习性】寄主为松科松属植物。

【分布】天津、吉林、陕西、浙江、四川、湖北等。

①雄性（左：背面，右：腹面）　②雌性（左：背面，右：腹面）

小环蛱蝶 *Neptis sappho* (Pallas, 1771)

【鉴别特征】翅展 40.0~50.0 mm，翅面黑色，斑纹白色。前翅亚缘有 1 列白斑，中域白斑排列成弧形，中室内有一条断裂的白色带；后翅中域及亚缘区各具 1 列白带。翅腹面褐色。前翅斑纹同正面；后翅基半部前缘白色，后方具 1 条白带，中横带及亚外缘带等白色斑纹无深色外围线或具少量较浅外围线。

【习性】寄主为胡枝子、香豌豆、山黧豆、野葛等豆科植物。

【分布】国内分布于天津、北京、河北、黑龙江、吉林、辽宁、陕西、甘肃、山东、河南、四川、湖北、贵州、云南、台湾等；国外分布于日本、朝鲜半岛、印度、巴基斯坦、欧洲等。

【注】天津地区分布的为过渡亚种 *Neptis sappho intermedia* W. B. Pryer, 1877。

①成虫（上：背面，下：腹面）

**中环蛱蝶** *Neptis hylas* (Linnaeus, 1758)

【鉴别特征】翅展 40.0~50.0 mm，本种与小环蛱蝶相似，区别：本种体型更大，翅腹面赭褐色，斑纹更大更清晰，后翅中带及亚外缘带具深色外围线。

【习性】寄主为豆科植物。

【分布】国内分布于天津、陕西、西藏、河南、江西、四川、重庆、湖北、福建、广东、广西、云南、海南、台湾等；国外分布于日本、越南、老挝、柬埔寨、缅甸、泰国、马来西亚、印度尼西亚、尼泊尔、印度、斯里兰卡等。

【注】天津地区分布的为指名亚种 *Neptis hylas hylas* (Linnaeus, 1758)。

①成虫（左：背面，右：腹面）

小环蛱蝶与中环蛱蝶的区别

后翅中带无深色外缘线

后翅亚外缘带无深色外缘线

后翅中带有深色外缘线

后翅亚外缘带有深色外缘线

①小环蛱蝶　②中环蛱蝶

**重环蛱蝶** *Neptis alwina* (Bremer & Grey, 1852)

【鉴别特征】翅展 70.0~75.0 mm，翅面黑褐色，斑纹白色。前翅顶角白色，亚外缘具模糊的白斑，中带白斑呈阶梯状，中室白带具缺口；后翅亚外缘白斑近似"M"形。翅腹面赭褐色，斑纹大而明显。前翅中室具 1 个钩状白斑；后翅基部具 1 条白色横纹，中带和亚外缘带饰黑边。雌性前翅较雄性圆钝。

【习性】寄主为杏、山杏、桃、梅等蔷薇科植物。

【分布】国内分布于天津、北京、河北、黑龙江、吉林、辽宁、宁夏、陕西、甘肃、青海、西藏、山东、河南、浙江、四川、湖北、贵州、福建、云南等；国外分布于日本、朝鲜半岛、俄罗斯、蒙古等。

【注】天津地区分布的为指名亚种 *Neptis alwina alwina* Bremer & Grey, 1853。

①雄性（左：背面，右：腹面）　②雌性（左：背面，右：腹面）

**朝鲜环蛱蝶** *Neptis philyroides* Staudinger, 1887

【鉴别特征】翅展 55.0~70.0 mm，翅面黑色，斑纹白色。前翅亚外缘白斑明显，中室白带完整；后翅斑带白色，后缘灰白色。翅腹面棕褐色。前翅后半部黑褐色；后翅基部有染灰白色。

【习性】寄主为桦木科鹅耳枥属植物。

【分布】国内分布于天津、黑龙江、吉林、辽宁、河南、陕西、甘肃、江苏、浙江、上海、四川、重庆、湖北、贵州等；国外分布于朝鲜半岛、俄罗斯等。

【注】天津地区分布的为指名亚种 *Neptis philyroides philyroides* Staudinger, 1887。

①成虫（上：背面，下：腹面）

**灿福蛱蝶** *Fabriciana adippe* (Denis et Schiffermüller, 1775)

【鉴别特征】翅展 65.0~70.0 mm，翅面橙黄色，斑纹黑色。雄性前翅中室有 4 条弯曲的条纹，中室下方有 2 条黑色性标，亚外缘有 6 个黑色圆斑。前翅腹面黄色，顶角处淡绿色；后翅腹面黄绿色，散布银斑，亚外缘有褐色圆斑。雌性翅面色淡，前翅腹面顶角处有银斑。

【习性】寄主为三色堇等堇菜科植物。

【分布】国内分布于天津、北京、河北、黑龙江、吉林、陕西、甘肃、宁夏、青海、西藏、山东、河南、江苏、江西、四川、湖北、贵州、云南等；国外分布于日本、朝鲜半岛、俄罗斯、中亚等。

【注】天津地区分布的为华丽亚种 *Fabriciana adippe ornatissima* (Leech, 1892)。

①雄性（左：背面，右：腹面）　②雌性（左：背面，右：腹面）

蟾福蛱蝶 *Fabriciana nerippe* Felder, 1862

【鉴别特征】翅展 70.0~80.0 mm，本种与灿福蛱蝶相似，区别：本种雄性前翅只有 1 条性标，后翅亚外缘无 2 个小黑斑。

【习性】寄主为堇菜科植物。

【分布】国内分布于天津、黑龙江、陕西、宁夏、甘肃、河南、浙江、湖北等；国外分布于日本、朝鲜半岛等。

【注】天津地区分布的为指名亚种 *Fabriciana nerippe nerippe* Felder, 1862。

灿福蛱蝶与蟾福蛱蝶的区别

前翅具 2 条性标

后翅亚外缘有 2 个小黑斑

前翅具 1 条性标

后翅亚外缘无小黑斑

①雄性（左：背面，右：腹面）　②雌性（左：背面，右：腹面）　③灿福蛱蝶　④蟾福蛱蝶

### 绿豹蛱蝶 *Argynnis paphia* (Linnaeus, 1758)

【鉴别特征】翅展 65.0~70.0 mm，雌雄异型。雄性翅面橙黄色，斑纹黑色。前翅有 4 条粗壮的黑褐色性标，性标间有 3 个黑斑，翅端部有 3 列黑色圆斑；后翅外缘及亚外缘有 3 列圆斑，中部有黑色带。前翅腹面黄色，顶角灰绿色；后翅腹面淡绿色，外缘淡紫色，中部有 3 条银白色带。雌性翅面黄色至灰绿色，黑斑较雄性发达。

【习性】寄主为紫花地丁、悬钩子、风车草等植物。

【分布】国内分布于天津、北京、河北、山西、黑龙江、吉林、辽宁、陕西、宁夏、甘肃、新疆、西藏、河南、浙江、江西、四川、湖北、福建、广东、广西、云南、台湾等；国外分布于日本、朝鲜半岛、欧洲、非洲等。

【注】天津地区分布的为中原亚种 *Argynnis paphia valesina* (Esper, 1798)。

①雄性（上：背面，下：腹面）

①雌性（左：背面，右：腹面）　②雌性（左：背面，右：腹面）

老豹蛱蝶 *Argyronome laodice* (Pallas, 1771)

【鉴别特征】翅展 65.0~70.0 mm，翅面橙黄色，斑纹黑色。前翅外缘具 1 列三角形黑斑，亚外缘有 2 列黑斑，中室内具 4 条黑纹。前翅腹面黄色，斑纹较背面色淡；后翅腹面基半部黄绿色，近中部有不连续的银白色带，端半部褐色。雄性前翅中室下方具 2 条黑色性标，雌性前翅背面顶角黑色。

【习性】寄主为松科、蔷薇科、堇菜科植物。

【分布】国内分布于天津、北京、河北、山西、黑龙江、吉林、辽宁、陕西、甘肃、青海、新疆、西藏、河南、江苏、浙江、江西、四川、湖北、湖南、福建等；国外分布于中亚、欧洲等。

【注】天津地区分布的为日本亚种 *Argyronome laodice japonica* (Ménétriés, 1857)。

①雄性（左：背面，右：腹面）　②雌性（左：背面，右：腹面）

银斑豹蛱蝶 *Speyeria aglaja* Linnaeus, 1758

【鉴别特征】翅展 55.0~75.0 mm，翅橙黄色。雄性前翅背面具 3 条细的性标，翅腹面顶角暗绿色，外缘具 4~5 个近圆形银斑。雌性前翅腹面有 3 个银色小斑，后翅暗绿色，银斑较雄性明显。

【习性】寄主为堇菜科植物。

【分布】国内分布于天津、河北、内蒙古、山西、黑龙江、吉林、辽宁、山东、陕西、甘肃、宁夏、青海、新疆、西藏、河南、四川、云南等；国外分布于日本、朝鲜半岛、俄罗斯、中亚、北非等。

【注】天津地区分布的为朝鲜亚种 *Speyeria aglaja clavimacula* Matsumura, 1929。

①雄性（左：背面，右：腹面）　②雌性（左：背面，右：腹面）

曲纹银豹蛱蝶 *Childrena zenobia* (Leech, 1890)

【鉴别特征】翅展 80.0~85.0 mm，雌雄异型。雄性翅面橙黄色，斑纹黑色。前翅外缘具 1 列黑斑，亚外缘具 2 列圆形黑斑，中室下方具 3 条性标；后翅外缘波状，斑纹与前翅相似。前翅腹面黄色，顶角处灰绿色，有 4 个白斑；后翅腹面灰绿色，具白色条纹，亚外缘有 5 个圆斑。雌性翅面灰绿色，斑纹与雄性相似。

【习性】寄主为早开堇菜、紫花地丁等堇菜科植物。

【分布】国内分布于天津、北京、陕西、西藏、河南、四川、云南等；国外分布于印度等。

【注】天津地区分布的为指名亚种 *Childrena zenobia zenobia* (Leech, 1890)。

①雄性（左：背面，右：腹面）　②雌性（左：背面，右：腹面）

斐豹蛱蝶 *Argyreus hyperbius* (Linnaeus, 1767)

【鉴别特征】翅展 75.0~80.0 mm，雌雄异型。雄性翅面橙黄色，斑纹黑色。前翅外缘有 1 列菱形小斑，中室内有 4 条横纹，后翅外缘锯齿状，黑色带内具蓝白色细纹。前翅腹面橙黄色，顶角及外缘黄绿色，近顶角有 2 个褐色眼斑，瞳点白色；后翅腹面黄绿色，亚缘具 5 个白色瞳点的褐色眼斑。雌性前翅端半部紫黑色，顶角具白斑和 1 条宽的白色斜带，基半部橙红色。前翅腹面顶角处黄绿色；后翅与雄性相似。

【习性】寄主为紫花地丁、白花堇菜、三色堇等堇菜科植物和金鱼草等玄参科植物。

【分布】国内广泛分布；国外分布于日本、朝鲜半岛、阿富汗、巴基斯坦、孟加拉国、斯里兰卡、东南亚、非洲等。

【注】天津地区分布的为指名亚种 *Argyreus hyperbius hyperbius* (Linnaeus, 1767)。

①雄性 (左：背面，右：腹面) ②雌性 (左：背面，右：腹面)

## 粉蝶科 Pieridae

云粉蝶 *Pontia edusa* (Fabricius, 1777)

①幼虫

【鉴别特征】翅展 30.0~55.0 mm，雄性前翅白色，正面有 1 个大的黑色中室端斑；后翅背面前缘中部有 1 个黑斑。雌性前翅背面基部、前缘基部至中室端斑处均密布黑褐色鳞粉，其余斑纹与雄性相似。春型和秋型差别较大：春型个体小，后翅腹面深褐色；秋型个体较大，后翅腹面黄绿色。

【习性】寄主为木犀草属、旗杆芥属、大蒜芥属、欧白芥属、庭芥属等十字花科植物。

【分布】国内分布于天津、北京、河北、内蒙古、山西、黑龙江、吉林、辽宁、陕西、甘肃、宁夏、新疆、西藏、山东、河南、江苏、上海、四川、广西、云南等；国外分布于日本、朝鲜半岛、欧洲等。

【注】天津地区分布的为青岛亚种 *Pontia edusa avidia* (Fruhstorfer, 1908)。

①雄性（左：背面，右：腹面）　②雌性（左：背面，右：腹面）

菜粉蝶 *Pieris rapae* (Linnaeus, 1758)

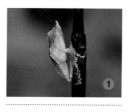

①蛹

【鉴别特征】翅展 40.0~60.0 mm，翅面白色。前翅顶角有 1 个黑色三角形大斑，中室外侧具 2 个黑色圆斑。后翅基部灰黑色，前缘有 1 个黑斑，翅展开时与前翅后方的黑斑相连。雄性前翅背面灰黑色部分较小，翅中的 2 个黑斑仅前面一个较明显。雌性体色略深，前翅前缘和基部大部分为黑色。

【习性】寄主以十字花科植物为主，也取食菊科、白花菜科、金莲花科、百合科、紫草科、木犀科等植物。

【分布】国内广泛分布；国外分布于日本、朝鲜半岛、俄罗斯等。

【注】天津地区分布的为东方亚种 *Pieris rapae crucivora* Boisduval, 1836。

①雄性 (左：背面，右：腹面)　②雌性 (左：背面，右：腹面)

**东方菜粉蝶** *Pieris canidia* (Sparrman, 1768)

【鉴别特征】翅展 45.0~60.0 mm，翅面白色。前翅端部具黑色斑块，黑白交界处呈锯齿状；后翅外缘有 1 圈近圆形的黑斑。雄性前翅背面仅 1 枚黑点清晰。雌性颜色较雄性更深，且前、后翅黑斑更为发达，翅基的黑晕更宽。

【习性】成虫栖息于山区、平原地区。寄主为十字花科、白花菜科植物。

【分布】国内广泛分布；国外分布于朝鲜半岛、越南、老挝、缅甸、柬埔寨、泰国、土耳其等。

【注】天津地区分布的为指名亚种 *Pieris canidia canidia* (Sparrman, 1768)。

①雄性（背面） ②雌性（背面）

**东亚豆粉蝶** *Colias poliographus* Motschulsky, 1860

【鉴别特征】翅展 35.0~55.0 mm，雄性翅面黄色，前翅外缘处有黑褐色宽带，内有多个大小不一的黄斑，中室中有 1 个黑点；后翅外缘有 1 列不相连的黑纹，中室端有 1 个橙黄色圆斑。雌性颜色多样，分为黄色型和白色型，斑纹与雄性相似。

【习性】寄主为草木犀属、田菁属、车轴草属、野豌豆属、苜蓿属、百脉根属等豆科植物。

【分布】国内广泛分布；国外分布于日本、朝鲜半岛等。

①雄性（左: 背面, 右: 腹面）　②雌性白色型（左: 背面, 右: 腹面）
③雌性黄色型（左: 背面, 右: 腹面）

橙黄豆粉蝶 *Colias fieldii* Ménétriés, 1855

【鉴别特征】翅展 40.0~60.0 mm，翅面橙黄色，前、后翅外缘具较宽的黑色带，中室的黑色和橙色斑较大。翅腹面黄色。前翅亚外缘具 3 个黑斑，中室黑斑中心白色。雌雄异型。雌性黑带中具橙黄色斑，雄性无。

【习性】寄主为白花车轴草、苜蓿等豆科植物。

【分布】国内分布于天津、北京、黑龙江、内蒙古、陕西、甘肃、青海、西藏、山东、山西、河南、四川、湖北、贵州、广西、云南等；国外分布于印度、缅甸、尼泊尔、泰国等。

【注】天津地区分布的为中华亚种 *Colias fieldii chinensis* Verity, 1909。

①雄性（左：背面，右：腹面）　②雌性（左：背面，右：腹面）

## 凤蛾科 Epicopeiidae
### 榆凤蛾 *Epicopeia mencia* Moore, 1874

【鉴别特征】翅展 75.0~80.0 mm，形似凤蝶，体翅灰黑色或黑褐色。翅基片黑色具红斑。前翅黑色或黑褐色；后翅外缘有 2 列不规则的红斑，具尾突。腹部红黑相间。雄性前翅较尖，后翅尾突细长。雌性前翅较雄性宽大，后翅尾突短粗。

【习性】寄主为叶榆、榔榆、白榆、刺榆、黑榆、大果榆、垂枝榆等榆科植物。

【分布】国内分布于天津、北京、河北、辽宁、山东、河南、江苏、浙江、江西、湖北、贵州、台湾等；国外分布于日本、朝鲜半岛、俄罗斯、越南等。

①雄性(背面)　②雌性(背面)
③雄性白斑型(左：背面, 右：腹面)　④雌性白斑型(左：背面, 右：腹面)

## 箩纹蛾科 Brahmaeidae

紫光箩纹蛾 *Brahmaea porphyria* Chu & Wang, 1977

【鉴别特征】翅展 110.0~115.0 mm，体翅棕褐色。前、后翅翅脉蓝褐色。前翅中带中部有 2 个紫红色长圆形纹，外侧紫红色；后翅中线内侧棕色或黑褐色，部分个体后翅前缘有 3~4 条黄褐色斑。腹部背面有黄褐色节间横纹。

【习性】寄主为小叶女贞、金叶女贞、桂花等木犀科植物。

【分布】天津、浙江、江苏、江西、安徽等。

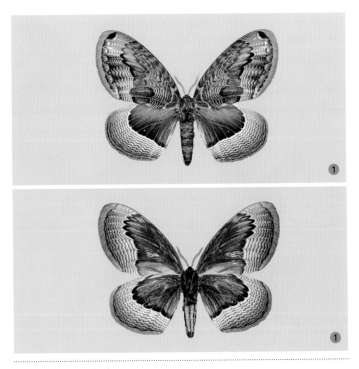

①成虫（上：背面，下：腹面）

## 菜蛾科 Plutellidae
小菜蛾 *Plutella xylostella* (Linnaeus, 1758)

【鉴别特征】翅展 10.0~15.0 mm，触角丝状，褐色，有白色环纹。前后翅细长，翅缘具黄白色的波浪纹，两翅合拢时形成 3 个接连的菱形斑，翅端缘毛长且翘起呈鸡尾状。雄性腹部末端呈圆锥形，抱握器微张。雌性较雄性肥大，腹部末端圆筒状。

【习性】寄主为甘蓝、芥菜、花椰菜、白菜、油菜等十字花科植物。

【分布】世界广泛分布。

①成虫

## 夜蛾科 Noctuidae

苎麻夜蛾 *Arcte coerula* Guenée, 1852

【鉴别特征】翅展 50.0~70.0 mm，头部深褐色，胸部赭褐色。前翅赭褐色，散布蓝白色细点，顶角具近三角形红褐色斑，亚基线、内横线、外横线和亚外缘线黑褐色波状，肾状纹褐色，内具 3 个黑褐色小斑；后翅黑褐色具紫色闪光，中部具 3 条青蓝色横带。腹部蓝棕色。

【习性】寄主为苎麻、荨麻、蓖麻、亚麻、大豆等。

【分布】国内广泛分布；国外分布于日本、印度、斯里兰卡、太平洋南部若干岛屿等。

①成虫（左：背面，右：腹面）　②幼虫　③成虫

莴苣冬夜蛾 *Cucullia fraterna* Butler, 1878

【鉴别特征】翅展 45.0~50.0 mm，体灰褐色。颈板近基部有 1 条黑色横线。前翅灰色或灰褐色，内横线呈黑色锯齿状，中横线暗褐色，翅外缘具 1 列黑点；后翅黄白色，端区及横脉纹暗褐色。

【习性】寄主为莴苣、生菜等。

【分布】国内分布于天津、内蒙古、黑龙江、吉林、辽宁、浙江、江西、新疆等；国外分布于日本、欧洲等。

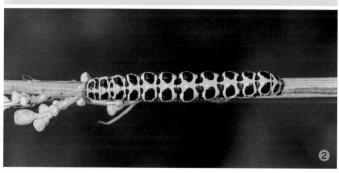

①成虫（背面）　②幼虫

枯叶夜蛾 *Eudocima tyrannus* Guenée, 1852

【鉴别特征】翅展 95.0~105.0 mm，头、胸部棕色。触角丝状。前翅棕褐色，顶角尖，后缘中部内凹，从顶角至后缘凹陷处有 1 条黑褐色斜线，内线黑褐色，翅基部和中部各有 1 个暗绿色圆斑；后翅黄色，中部有 1 个肾形黑斑，亚端区有 1 个黑色牛角形纹。腹部黄色。

【习性】寄主为柑橘、苹果、葡萄、枇杷、梨、桃、杏、李、柿等。

【分布】国内分布于天津、北京、河北、内蒙古、山西、辽宁、陕西、山东、河南、江苏、浙江、上海、安徽、湖北、贵州、云南、台湾等；国外分布于日本、朝鲜半岛等。

①雄性(左：背面，右：腹面)　②雌性(左：背面，右：腹面)

## 裳夜蛾科 Erebidae

**客来夜蛾** *Chrysorithrum amata* Bremer & Grey, 1852

【鉴别特征】翅展 60.0~70.0 mm，前翅棕褐色至灰褐色，翅基具褐色斑，色斑外缘呈角形突出，近顶角处有 1 个褐色梯形斑，下方具 "Y" 形纹；后翅暗褐色，中部具 1 条橙黄色曲带。

【习性】寄主为胡枝子。

①成虫（背面）

【分布】国内分布于天津、北京、河北、内蒙古、黑龙江、辽宁、陕西、山东、浙江、湖南、云南等；国外分布于日本、朝鲜半岛等。

**柳裳夜蛾** *Catocala nupta* (Linnaeus, 1767)

【鉴别特征】翅展 75.0~80.0 mm，前翅灰黑色，翅面有黑褐色波浪线纹，肾斑明显，外缘灰色，锯齿形，端线由排列黑点组成；后翅桃红色，中部有 1 条弓形黑色宽带，外缘附近为黑色，中部较凹，其后渐窄。

【习性】寄主为杨、柳等。

【分布】国内分布于天津、北京、河北、黑龙江、山东、山西、江苏、湖北、湖南、新疆等；国外分布于欧洲、日本、朝鲜半岛等。

①成虫（左：背面，右：腹面）

### 杨雪毒蛾 *Leucoma candida* (Staudinger, 1892)

【鉴别特征】翅展 35.0~45.0 mm，体白色。触角干白色，栉齿黑褐色。翅纯白色，不透明。足的胫节和跗节具黑白相间的环纹。

【习性】寄主为棉花、茶树、杨、柳、栎、栗、樱桃、梨、梅、杏、桃等。

【分布】国内分布于天津、北京、河北、内蒙古、山西、黑龙江、吉林、辽宁、陕西、甘肃、青海、新疆、山东、河南、江苏、浙江、江西、安徽、四川、湖北、湖南、贵州、福建、云南等；国外分布于日本、朝鲜半岛、俄罗斯等。

①成虫（背面）　②幼虫　③蛹　④成虫

## 瘤蛾科 Nolidae
### 臭椿皮蛾 *Eligma narcissus* (Cramer, 1775)

【鉴别特征】翅展 75.0~80.0 mm，头、胸部灰色。下唇须前伸。前翅具黑斑和黑线，翅前缘深灰色，翅中具白色纵带；后翅大部分黄色，翅外缘黑色，其内具蓝色斑。足黄色。腹面橙黄色，具黑色斑点。

【习性】寄主为臭椿、香椿、桃、李等。

【分布】国内广泛分布；国外分布于日本、印度、马来西亚等。

①成虫（背面）

## 舟蛾科 Notodontidae
### 榆掌舟蛾 *Phalera takasagoensis* Matsumura, 1919

【鉴别特征】翅展 40.0~60.0 mm，体翅灰褐色。头部棕色，胸部前半部棕黄色，后半部灰白色。前翅外缘褐色，顶角处有 1 个浅黄色掌形斑。

【习性】寄主为榆、杨、梨、沙果、樱桃、麻栎、板栗等。

【分布】国内分布于天津、北京、河北、陕西、甘肃、山东、江苏、湖南等；国外分布于日本、朝鲜半岛等。

①成虫（背面）

**槐羽舟蛾** *Pterostoma sinicum* (Moore, 1877)

【鉴别特征】翅展 50.0~70.0 mm，体翅黄褐色。下唇须浅褐色，较长。胸部具黑褐色冠状毛簇。前翅浅黄色，翅面具红褐色波状纹，后缘中央有 1 个浅弧形缺刻，两侧各有 1 个大的梳形毛簇，近顶端有微红褐色锯齿形横纹；后翅暗灰褐色，隐约有 1 条灰黄色外带。

【习性】寄主为国槐、龙爪槐、紫藤、海棠等。

【分布】国内分布于天津、北京、河北、山西、辽宁、陕西、甘肃、山东、江苏、浙江、上海、安徽、江西、湖北、湖南、福建、广西、云南等；国外分布于日本、朝鲜半岛、俄罗斯等。

①成虫（背面）　②幼虫　③成虫

**刺槐掌舟蛾** *Phalera grotei* Moore, 1859

【鉴别特征】翅展 60.0~105.0 mm，头顶和触角基部具白色毛簇。胸背暗褐色。前翅灰褐色，顶角处具掌形暗棕色斑，近顶角处有 4 条灰黄色纹。腹部背面黑褐色，具灰白色横带。

【习性】寄主为刺槐、刺桐、胡枝子等。

【分布】国内分布于天津、北京、河北、辽宁、山东、江苏、浙江、安徽、江西、四川、湖北、湖南、福建、广东、广西、云南、海南等；国外分布于朝鲜半岛、印度、尼泊尔、缅甸、越南、印度尼西亚、马来西亚等。

①成虫（背面）

# 枯叶蛾科 Lasiocampidae

**杨枯叶蛾** *Gastropacha populifolia* Esper, 1783

【鉴别特征】翅展 40.0~75.0 mm，体翅黄色或黄褐色。前翅狭长，被有稀疏黑色鳞毛，近中室有 1 个黑褐色斑点，翅外缘呈波浪状，具 5 条黑色波状斑纹，有时不明显；后翅外缘波浪状，前缘橙黄色，后缘浅黄色。

【习性】寄主为杨、柳、栎、苹果、桃、杏、梨等。

【分布】国内分布于天津、北京、河北、山西、辽宁、陕西、甘肃、青海、新疆、山东、河南、江西、安徽、湖北、广东、广西等；国外分布于日本、朝鲜半岛、欧洲等。

①成虫（背面）

螟蛾科 Pyralidae

印度谷斑螟 *Plodia interpunctella* (Hübner, 1813)

【鉴别特征】翅展 10.0~15.0 mm，头、胸部褐色，复眼间有伸向前下方的黑褐色鳞片丛。下唇须发达，伸向前方。前翅细长，外缘暗褐色，基半部黄白色，其余红褐色，具 3 条暗褐色横纹；后翅灰白色。腹部灰白色。

【习性】寄主为大米、小米、豆类以及各种干果、糖类等。

【分布】世界广泛分布。

①幼虫　②成虫

## 尺蛾科 Geometridae
**槐尺蛾** *Chiasmia cinerearia* (Bremer & Grey, 1853)

【鉴别特征】翅展 30.0~45.0 mm，体翅灰白色至灰褐色。翅面密布黑褐色斑点，外缘锯齿状。前翅前缘具三角形褐斑，翅面具 3 条线，外线在近前缘断裂，中部至后缘多由 3 列黑斑组成；后翅内线较直，中、外线褐色波状。

【习性】寄主为国槐、刺槐、龙爪槐等。

【分布】国内分布于天津、北京、河北、山西、黑龙江、陕西、甘肃、宁夏、西藏、山东、河南、江苏、浙江、江西、安徽、四川、湖北、广西、台湾等；国外分布于日本、朝鲜半岛等。

①成虫（背面）　②幼虫

春尺蛾 *Apocheima cinerarius* (Ershoff, 1874)

【鉴别特征】体灰褐色。雌雄异型。雄性具翅，翅展 25.0~35.0 mm，触角羽状，前翅淡灰褐色至黑褐色，有 3 条黑褐色波状横纹，中间 1 条常不明显。雌性无翅，体长 7.0~20.0 mm，触角丝状，后胸及腹部背面具成排黑刺，刺尖端圆钝。

【习性】寄主为杨、柳、榆、槐、苹果、梨、沙柳、沙枣等。

【分布】国内分布于天津、北京、河北、内蒙古、山西、黑龙江、陕西、甘肃、宁夏、青海、新疆、山东、河南、四川等；国外分布于朝鲜半岛、俄罗斯、中亚等。

①幼虫 ②成虫

柿星尺蛾 *Percnia giraffata* Guenée, 1858

【鉴别特征】翅展 70.0~75.0 mm，体黄翅白色。触角黑褐色，雄性羽状，雌性丝状。前、后翅有大小不等的灰黑色斑点，外缘较密，中室处各有 1 个近圆形大斑。腹部黄色，各节背面两侧各有 1 个黑褐色斑纹。

【习性】寄主为柿、黑枣、苹果、梨、核桃、李、杏、山楂、酸枣、杨、柳、榆、桑等。

【分布】国内分布于天津、北京、河北、陕西、甘肃、山西、河南、安徽、四川、台湾等；国外分布于日本、朝鲜半岛、俄罗斯、越南、缅甸、印度、印度尼西亚等。

①雄性（背面）　②雌性（背面）　③幼虫　④成虫

桑褐翅尺蛾 *Apochima excavata* (Dyar, 1905)

【鉴别特征】翅展 40.0~50.0 mm，体灰褐色。头、胸部多毛。雄性触角羽状，雌性丝状。翅面具赭褐色和白色斑纹。前翅内、外横线外侧各有 1 条不太明显的褐色横线，后翅基部及端部灰褐色，近翅基部灰白色，中部有 1 条明显的灰褐色横线。静止时前翅向侧上方伸展，后翅向后折叠。后足胫节有 2 对距。

【习性】寄主为苹果、梨、核桃、山楂、桑、榆、毛白杨、刺槐、黄栌、柽柳等。

【分布】国内分布于天津、北京、河北、陕西、宁夏、新疆、河南等；国外分布于日本、朝鲜半岛等。

①幼虫 ②成虫

丝棉木金星尺蛾 *Abraxas suspecta* Warren, 1894

【鉴别特征】翅展 30.0~45.0 mm，翅银白色，具淡灰色及黄褐色斑纹。前翅外缘有 1 行连续淡灰色纹，翅基和臀角处各有 1 个锈黄色斑；后翅外缘有 1 行连续淡灰色斑，臀角处锈黄色，后翅斑纹与前翅斑纹相连。腹部黄色，具黑斑。

【习性】寄主为丝棉木、大叶黄杨、扶芳藤、女贞、杨、柳、榆、槐等。

【分布】国内分布于天津、北京、河北、山西、陕西、甘肃、山东、江苏、上海、江西、湖北、湖南、四川、台湾等；国外分布于日本、朝鲜半岛、俄罗斯等。

①成虫（背面）

## 刺蛾科 Limacodidae
### 黄刺蛾 *Monema flavescens* (Walker, 1855)

【鉴别特征】翅展 30.0~40.0 mm，头、胸部黄色。前翅基半部黄色，端半部褐色，自端部向后斜伸 2 条暗褐色横线，中室及后缘基部 1/3 处各有 1 个暗褐色点，有时不明显。

【习性】寄主为枫杨、榆、梧桐、乌桕、栎、紫荆、刺槐、桑、茶、苹果、梨、核桃、珍珠梅、枣、山楂、月季等。

【分布】国内除宁夏、新疆、青海、西藏外广泛分布；国外分布于日本、朝鲜半岛、俄罗斯等。

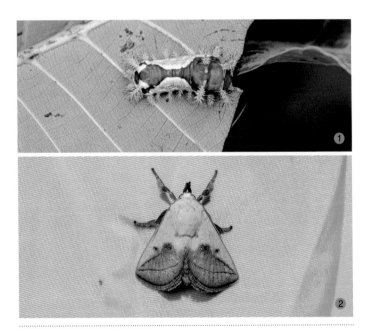

①幼虫 ②成虫

褐边绿刺蛾 *Parasa consocia* Walker, 1863

【鉴别特征】翅展 35.0~40.0 mm，头、胸部绿色，胸部中央具暗褐色斑点或 1 条背线。触角棕色，雄性栉齿状，雌性丝状。前翅绿色，基部暗褐色，翅外缘黄褐色，散布暗褐色鳞片，内缘线和翅脉褐色；后翅淡黄色，外缘稍带褐色。

【习性】寄主为大叶黄杨、玉米、月季、海棠、桂花、牡丹、芍药、苹果、梨、桃、李、杏、梅、樱桃、枣、柿、核桃、珊瑚、板栗、山楂等。

【分布】国内广泛分布；国外分布于日本、朝鲜半岛、俄罗斯等。

①幼虫 ②成虫

## 燕蛾科 Uraniidae
### 斜线燕蛾 *Acropteris iphiata* (Guenée, 1857)

【鉴别特征】翅展 25.0~35.0 mm，翅粉白色。前翅顶角具黄褐色斑。翅面具棕褐色或褐色斜纹，斜纹可分为 5 组，前后翅相通，中间被 1 条斜白带相隔，斜白带前方褐色，覆盖翅中室，后侧一组褐色，在后翅上包含许多细纹，最外侧一组为 2 条细纹。

【习性】寄主为萝藦科的萝藦、七层楼等植物。

【分布】国内分布于天津、北京、江苏、浙江、湖南、西藏等；国外分布于日本、朝鲜半岛、印度、缅甸等。

①成虫

## 灯蛾科 Arctiidae
### 美国白蛾 *Hyphantria cunea* (Drury, 1773)

【鉴别特征】翅展 30.0~35.0 mm，胸部背面密布白毛，多数个体腹部白色，无斑点；少数个体腹部黄色，具黑点。前翅多为纯白色，雄性有时具黑斑或黑缘斑；后翅多为纯白色。前足基节及股节端部为黄色，胫节和跗节外侧为黑色，内侧为白色。

【习性】寄主为桑、榆、柿、樱、杨、泡桐、合欢、构树、柳、海棠等。

【分布】国内分布于天津、北京、河北、辽宁、山东、河南等；国外分布于日本、朝鲜半岛、北美洲、欧洲等。

①幼虫 ②成虫

## 羽蛾科 Pterophoridae
甘薯异羽蛾 *Emmelina monodactyla* (Linnaeus, 1758)

【鉴别特征】翅展 15.0~20.0 mm，体灰褐色。前翅裂成两羽，翅面上有 2 个较大的黑斑，1 个位于中室中央偏基部，1 个位于两羽分支处；后翅裂成三羽。前、后翅缘毛长而密。腹部前端具三角形白斑，背线白色。各腹节后缘具棕色斑点。

【习性】寄主为甘薯、旋花等。

【分布】国内分布于天津、北京、河北、内蒙古、黑龙江、陕西、甘肃、青海、新疆、山东、山西、浙江、江西、四川、福建等；国外分布于日本、印度、中亚、欧洲、北美洲、非洲等。

①成虫

## 木蠹蛾科 Cossidae
小线角木蠹蛾 *Streltzoriella insularis* Staudinger, 1892

【鉴别特征】翅展 45.0~55.0 mm，体翅灰褐色。前胸后缘具深褐色毛丛。前翅密布黑色横纹，中室至前缘为深褐色。

【习性】寄主为山楂、海棠、银杏、白玉兰、榆叶梅、紫薇、白蜡、香椿、黄刺玫、五角枫、栾树等。

【分布】国内分布于天津、北京、河北、内蒙古、黑龙江、吉林、辽宁、陕西、宁夏、山东、江苏、上海、安徽、江西、湖南、福建等；国外分布于日本、俄罗斯等。

①幼虫　②成虫

## 草螟科 Crambidae
### 四斑绢野螟 *Glyphodes quadrimaculalis* (Bremer & Grey, 1853)

①成虫

【鉴别特征】翅展 30.0~40.0 mm，胸、腹部黑色，两侧白色。前翅黑色，翅中部有 4 个白斑，顶角处白斑下方具 5 个白点；后翅白色具紫色闪光，外缘有 1 个黑色宽缘。前、后翅后角处缘毛白色。

【习性】寄主为萝藦、隔山消等。

【分布】国内分布于天津、北京、河北、黑龙江、吉林、辽宁、陕西、甘肃、宁夏、山东、浙江、四川、贵州、福建、广东、云南等；国外分布于日本、朝鲜半岛、俄罗斯等。

①成虫（背面）

## 天蛾科 Sphingidae
### 豆天蛾 *Clanis bilineata* Walker, 1866

【鉴别特征】翅长 50.0~60.0 mm，头及胸部具暗褐色细背线。前翅灰褐色，前缘中央有灰白色近三角形斑，顶角近前缘有棕褐色斜纹。中足及后足胫节外侧银白色。

【习性】寄主为刺槐、大豆等豆科植物。

【分布】国内除西藏外广泛分布；国外分布于日本、朝鲜半岛、印度等。

【注】天津地区分布的为指名亚种 *Clanis bilineata bilineata* Walker, 1866。

## 丁香天蛾 *Psilogramma increta* Walker, 1864

【鉴别特征】翅长 45.0~65.0 mm，前胸肩板两侧具黑色纵线。前翅灰白色，各横线不显著，中室端有灰黄色小点，点周有较厚灰色鳞片，形成不规则的短横带，在黄点下方有较明显的黑色斜条纹，前翅顶角内侧有黑色曲线并折向前缘；后翅棕黑色，外缘有白色断线。腹部背面中央具 1 条黑色纵带，腹面白色。

【习性】寄主为丁香、梧桐、女贞、栝等。

【分布】国内分布于天津、北京、河北、山西、辽宁、陕西、山东、上海、浙江、江苏、江西、湖北、湖南、福建、广东、海南、台湾等；国外分布于日本、朝鲜半岛等。

①成虫（背面）

## 构月天蛾 *Parum colligata* (Walker, 1856)

【鉴别特征】翅长 30.0~45.0 mm，体翅褐绿色，前胸肩板棕褐色。前翅基线灰褐色，中室末端有 1 个白星，外线暗紫色，顶角有略圆形暗紫色斑，周边呈白色月牙形边，顶角至后角有弓形的白色宽带，后角有 1 个三角形褐绿色暗斑，自顶角内侧经中室白斑至内线有棕黑色纵带，并在中室外分出 1 个达前缘的小叉；后翅浓绿，外线色较浅，后角有 1 个棕褐色斑。

①成虫（背面）

【习性】寄主为构、桑等。

【分布】国内分布于天津、北京、吉林、辽宁、河南、湖北、重庆、四川、贵州、台湾等；国外分布于日本、朝鲜半岛等。

蓝目天蛾 *Smerinthus planus* Walker, 1856

【鉴别特征】翅长 40.0~45.0 mm，体翅灰黄色至淡褐色。胸部背面中央有 1 个深褐色大斑。前翅顶角及臀角至中央有三角形暗色云状斑，近后角有 1 个小缺刻；后翅淡黄褐色，中央紫红色，有 1 个大眼状斑，斑内具蓝圈，眼状斑上方粉红色，腹面眼状斑不明显。

【习性】寄主为柳、杨、桃、李、樱桃、苹果、沙果、海棠、梅等。

【分布】国内广泛分布；国外分布于蒙古、日本、朝鲜半岛、俄罗斯等。

①成虫（上：背面，下：腹面）

甘薯天蛾 *Agrius convolvuli* (Linnaeus, 1758)

【鉴别特征】翅长 45.0~50.0 mm，体翅暗灰色。前胸肩板具黑色纵线。前翅内横线、中横线及外横线各为 2 条深棕色的尖锯齿状带，顶角有黑色斜纹；后翅有 4 条暗褐色横带，缘毛白色及暗褐色相杂。腹部背面灰色，两侧各节有白、红、黑 3 条横线。

【习性】寄主主要为甘薯，也取食蕹菜、牵牛花、月光花等旋花科植物及芋头、葡萄、楸等。

【分布】国内分布于天津、北京、河北、山西、辽宁、山东、河南、安徽、湖北、四川、浙江、福建、台湾等；国外分布于欧洲、大洋洲、非洲等。

①成虫（左：背面，右：腹面）　②幼虫　③成虫

榆绿天蛾 *Callambulyx tatarinovii* (Bremer & Grey, 1853)

【鉴别特征】翅长 35.0~40.0 mm，体翅绿色或浅绿色，有的个体浅褐色或褐色。胸背具墨绿色近菱形斑。前翅前缘顶角具 1 个较大的三角形深绿色斑，后缘中部有 1 块褐色斑，翅反面近基部后缘淡红色；后翅红色，后缘角有墨绿色斑，外缘淡绿色，翅反面黄绿色。腹部背面绿色，每节有 1 条白色线纹。

【习性】寄主为榆、柳等。

【分布】国内分布于天津、北京、河北、内蒙古、山西、黑龙江、吉林、辽宁、陕西、甘肃、宁夏、新疆、山东、河南、上海、浙江、四川、湖北、湖南、福建等；国外分布于日本、朝鲜半岛、俄罗斯、蒙古等。

①绿色型（左：背面，右：腹面）　②褐色型（左：背面，右：腹面）

盾天蛾 *Phyllosphingia dissimilis* (Bremer, 1861)

【鉴别特征】翅长 45.0~50.0 mm，体翅黄褐色至黑褐色。前胸背线棕黑色。前翅前缘中央有 1 个较大紫色盾形斑。腹部中线黑褐色。停息时部分后翅外露于前翅前方。

【习性】寄主为楸、榆、核桃、山核桃、柳等。

【分布】国内分布于天津、北京、河北、内蒙古、吉林、辽宁、青海、陕西、山东、河南、浙江、江西、重庆、福建、贵州、台湾等；国外分布于印度、日本、朝鲜半岛、俄罗斯等。

①卵　②幼虫　③预蛹　④蛹　⑤雄性（背面）　⑥雌性（背面）

葡萄天蛾 *Ampelophaga rubiginosa* Bremer & Grey, 1853

【鉴别特征】翅长 45.0~50.0 mm，体翅茶褐色。体背中央自前胸到腹端有 1 条灰白色纵线，复眼后至前翅基部有 1 条灰白色较宽的纵线。前翅具茶褐色横线，前缘近顶角处有 1 个暗色三角形斑；后翅周缘棕褐色，中间大部分为黑褐色，缘毛色稍红。

【习性】寄主为葡萄、黄荆、乌蔹莓等。

【分布】国内分布于天津、北京、河北、山西、辽宁、山东、江苏、河南、陕西、宁夏、湖南、湖北、江西、广东、广西、云南、台湾等；国外分布于印度、尼泊尔、日本、朝鲜半岛等。

①成虫（背面）

葡萄缺角天蛾 *Acosmeryx naga* Moore, 1857

【鉴别特征】翅长 55.0~60.0 mm，体灰褐色。前翅各横线棕褐色，亚外缘线达到后角，顶角端部缺，稍内陷，有深棕色三角形斑及灰白色月牙形纹，中室端近前缘有灰褐色盾形斑。腹部各节有棕色横带。

【习性】寄主为葡萄、猕猴桃、爬山虎、葛藤等。

【分布】国内分布于天津、北京、河北、陕西、新疆、山西、浙江、重庆、湖北、湖南、贵州、广东、云南、海南等；国外分布于印度等。

①成虫（上：背面，下：腹面）

红六点天蛾 *Marumba gaschkewitschii* (Bremer & Grey, 1853)

【鉴别特征】翅长 40.0~55.0 mm，体翅灰褐色。头胸背中央有 1 条深褐色纵脉。前翅内横线为双线，中横线和外横线为带状，翅近外缘处黑褐色，近后角处有 1~2 个黑斑；后翅粉红色，近臀角处有 2 个黑斑。

【习性】寄主为枣、桃、葡萄、枇杷、李、杏、梅、苹果、梨等。

【分布】国内分布于天津、北京、河北、内蒙古、山西、黑龙江、吉林、辽宁、陕西、宁夏、甘肃、青海、山东、河南、江苏、安徽、湖北等；国外分布于蒙古、俄罗斯等。

【注】又名枣桃六点天蛾，天津地区分布的为指名亚种 *Marumba gaschkewitschii gaschkewitschii* (Bremmer & Grey, 1853)。

①成虫（上：背面，下：腹面）

### 后黄黑边天蛾 *Hemaris radians* Walker, 1856

【鉴别特征】翅长 20.0~25.0 mm，体黄绿色，触角黑色。翅透明，边缘和各脉棕黑色。腹背面各环节金黄色，端部中央丛毛黄色，两侧黑色。

【习性】寄主为忍冬、茜草。

【分布】国内分布于天津、北京、黑龙江、吉林、江西等；国外分布于日本、朝鲜半岛等。

①成虫（背面）

### 黑长喙天蛾 *Macroglossum pyrrhosticta* (Butler, 1875)

【鉴别特征】翅长 20.0~25.0 mm，体棕褐色，头部和胸部背面具 1 条深褐色纵线。前翅背面基部灰褐色，中线与外线之间的区域灰白色，外线处具 2 枚深棕色波浪状条纹，顶角具 1 枚黑色三角形斑，前缘处具 1 枚浅灰色大斑；后翅黑褐色，基部有染黄色。腹部两侧中部各具 1 列深黄色斑块，腹部末端毛为花瓣状。

【习性】寄主为牛皮消。

【分布】国内分布于天津、北京、山西、吉林、辽宁、四川、贵州等；国外分布于日本、印度、越南、马来西亚等。

①成虫（背面）

青背长喙天蛾 *Macroglossum bombylans* (Boisduval, 1875)

【鉴别特征】翅长 20.0~25.0 mm，头部暗绿色，下唇须白色。胸部背面及腹部第 3 节背面暗绿色，第 1、第 2 节两侧橙黄色，第 4、第 5 节具黑斑，第 6节后缘有白色横纹。前翅背面内横线黑色较宽，近后缘向内方弯曲，外线由两条波形横线组成，顶角内侧有深色斑，外缘棕褐色；后翅黑褐色，前缘和后缘橙黄色斑，在中部相连。翅腹面暗褐色，基部污黄色，各横线呈深色波形纹。腹部腹面赭色，第 3、第 4 节间有白斑。

【习性】寄主为野木瓜、茜草等。

【分布】国内分布于天津、北京、河北、陕西、河南、湖北、湖南、四川、安徽、广东、广西、福建、云南等；国外分布于日本、印度等。

①成虫（背面）

## 小豆长喙天蛾 *Macroglossum stellatarum* (Linnaeus, 1758)

【鉴别特征】翅长 20.0~25.0 mm，体翅暗灰褐色。前翅内、中 2 条横线弯曲棕黑色，中室处有 1 个黑色小点；后翅橙黄色，基部及外缘有暗褐色带。翅腹面暗褐色并有橙色带，基部及后翅后缘黄色。腹部暗灰色，两侧有白色和黑色斑，尾毛棕色扩展呈刷状。

【习性】寄主为蓬子菜等茜草科植物。

【分布】国内分布于天津、北京、河北、内蒙古、山西、吉林、辽宁、陕西、甘肃、青海、新疆、山东、河南、浙江、四川、湖北、湖南、广东、海南等；国外分布于印度、越南、日本、朝鲜半岛、欧洲、北非等。

【注】本种与其近似种常被误认为蜂鸟，事实上蜂鸟分布于美洲，中国并无分布。

①成虫（背面）

## 蚕蛾科 Bombycidae
### 野蚕 *Bombyx mandarina* Moore, 1872

【鉴别特征】翅展 30.0~45.0 mm，体翅灰褐色。前翅具深褐色细纹，中室具 1 条肾形纹，翅顶角及外缘深褐色；后翅棕褐色，后缘中央具 1 枚新月形棕黑色斑，外围白色。

【习性】寄主为桑、构。

【分布】国内分布于天津、北京、河北、内蒙古、山西、辽宁、陕西、甘肃、山东、河南、江苏、浙江、江西、安徽、四川、湖北、湖南、广东、广西、贵州、云南、西藏、台湾等；国外分布于日本、朝鲜半岛等。

①成虫（背面）

## 天蚕蛾科 Saturniidae
樗蚕蛾 *Samia cynthia* (Drury, 1773)

【鉴别特征】翅展 110.0~130.0 mm，体翅褐色。前翅顶角外凸，具黑色眼斑，眼斑上缘白色。前、后翅中央各有 1 个较大的眉形斑，中间半透明，下缘黄色。前、后翅外侧具 1 条纵贯全翅的白色带，外侧淡紫色。腹部背面有 6 对白斑，其间有断续白纵线。

【习性】寄主为核桃、蓖麻、花椒、臭椿、乌桕、樟、泡桐等。

【分布】天津、北京、河北、山西、黑龙江、辽宁、山东等。

①低龄幼虫 ②老熟幼虫 ③蛹 ④成虫

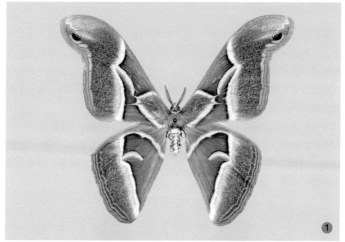

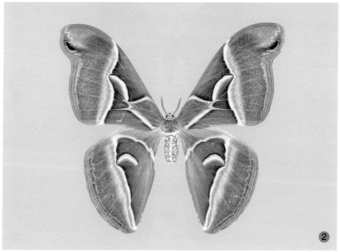

①雄性（背面）　②雌性（背面）

## 柞蚕蛾 *Antheraea pernyi* (Guérin-Méneville, 1855)

【鉴别特征】翅展 110.0~160.0 mm，体翅黄褐色。肩板、前胸及中胸前缘紫褐色。前翅前缘紫褐色并杂有白色鳞毛，内线白色，外侧紫褐色，中室有较大的椭圆形膜质眼状斑，周围镶嵌白色、黑色及紫红色圆环；后翅颜色及斑纹与前翅近似，眼斑周围黑线更明显。雌性触角栉羽明显短于雄性，各节上有暗色环。

【习性】寄主为柞树、栎、胡桃、樟树、山楂、柏、青岗树、枫杨等。

【分布】国内分布于天津、北京、河北、内蒙古、山西、黑龙江、吉林、辽宁、山东、河南、四川、重庆、安徽、贵州、广西、云南、台湾等；国外分布于印度、日本、朝鲜半岛等。

①雄性（背面）　②雌性（背面）

绿尾天蚕蛾 *Actias ningpoana* Felder & Felder, 1862

【鉴别特征】翅展 110.0~130.0 mm，体被较密的白色长毛，翅绿色，基部具白毛。胸部具 1 条紫红色横带。前翅前缘紫红色。前、后翅外缘具 1 条黄绿色细纹，中室端有 1 个眼斑，中央透明，上侧具 1~2 条褐色细纹，下半侧淡黄色。

【习性】寄主为柳、枫杨、栗、乌桕、木槿等。

【分布】国内除云南东部、东北部、北部和广西南部、西藏外广泛分布；国外分布于俄罗斯等。

①低龄幼虫　②老熟幼虫　③蛹　④成虫

长尾天蚕蛾 *Actias dubernardi* (Oberthür, 1897)

【鉴别特征】翅展 90.0~110.0 mm，体被较浓密的白色长毛，触角黄褐色，前胸前缘具紫红色带。前翅前缘紫红色，中室有 1 个带状眼斑；后翅具细长尾突。雌雄异型。雄性体橘红色，翅杏黄色或黄绿色，外缘有很宽的粉红色带。雌性体青白色，翅淡绿色，前、后翅尾突较雄性宽大。

【习性】寄主主要为马尾松、雪松、落叶松等松科植物。

【分布】天津、北京、湖北、湖南、福建、贵州、广东、广西、云南等。

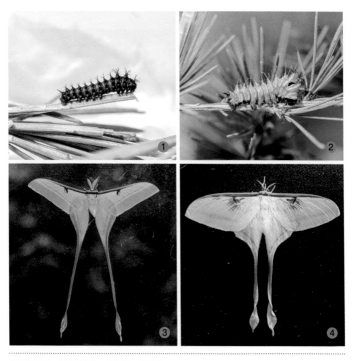

①低龄幼虫　②老熟幼虫　③雄性　④雌性

①雄性（背面） ②雌性（背面）

# 膜翅目 Hymenoptera

蚁科 Formicidae

掘穴蚁 *Formica cunicularia* Latreille, 1798

【鉴别特征】工蚁体长 4.0~7.5 mm，工蚁体暗，无光泽。后腹部灰黑色，头部、并腹胸和结节通常呈褐红色。体被毛。头两侧和后头缘近乎平直，唇基前缘圆形，中脊明显。前胸背板通常无毛，结节上缘完整，圆形，无毛。

【习性】常栖息于路边、林间空地，喜欢在路边石块下或树下营巢，行动迅速。

【分布】国内分布于天津、北京、河北、陕西、新疆、甘肃、宁夏、青海、山东、河南、安徽、四川、湖北、湖南、云南等；国外分布于中亚、欧洲、北非等。

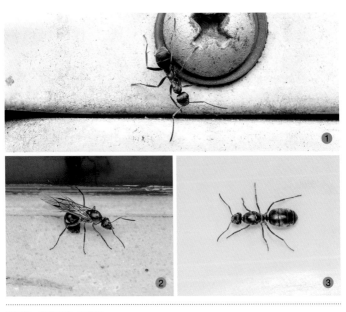

①工蚁 ②繁殖蚁 ③蚁后

### 路舍蚁 *Tetramorium caespitum* Linnaeus, 1758

【鉴别特征】工蚁体长 2.0~2.3 mm，工蚁体红褐色至黑褐色。头呈矩形，背面和侧腹面具纵长刻纹，其间具细刻点。并胸腹节刺短，呈长齿状。后腹部光滑，卵圆形。

【习性】常栖息于街道边、草地、田地间等。

【分布】国内广泛分布；国外分布于日本、朝鲜半岛、北美洲、俄罗斯、中亚、北非等。

①工蚁

### 法老小家蚁 *Monomorium pharaonis* (Linnaeus, 1758)

【鉴别特征】工蚁体长 1.5~2.0 mm，工蚁体橙黄色，腹部背面黑褐色或褐色。头、胸及腹柄节有微细皱纹和小颗粒。腹部光滑有光泽，具细刚毛，基部具 1 对卵形浅色斑。

【习性】常栖息于厨房、卫生间、墙壁缝隙处等。

【分布】世界广泛分布。

①工蚁

日本弓背蚁 *Camponotus japonicus* (Mayr, 1866)

【鉴别特征】工蚁体长 7.5~14.0 mm，工蚁体黑色，分为大、小 2 个类型。头近三角形，上颚粗壮。前、中胸背板较平，并胸腹节急剧侧扁。腹部有银黑色条纹，后腹部刻点细密。

【习性】常栖息于稀林地、林缘、路边及林间空地。

【分布】国内分布于天津、北京、黑龙江、辽宁、吉林、山东、江苏、浙江、上海、福建、湖南、湖北、重庆、贵州、广东、广西、云南等；国外分布于日本、朝鲜半岛、俄罗斯、东南亚等。

①工蚁　②繁殖蚁

## 蜜蜂科 Apidae
### 西方蜜蜂 *Apis mellifera* Linnaeus, 1758

【鉴别特征】工蜂体长 10.0~15.0 mm，西方蜜蜂具有多样化的类型和亚种，根据地理分布及其缘系可划分为 4 个类型 23 个亚种。工蜂上唇和唇基无明显黄斑。后翅中脉不分叉。腹部具宽大的黄斑，第 6 腹节背板上无绒毛带。

【习性】成虫访花。

【分布】世界广泛分布。

①工蜂 ②工蜂 ③后翅中脉不分叉

黄胸木蜂 *Xylocopa appendiculata* Smith, 1852

【鉴别特征】体长 24.0~26.0 mm，雄性唇基、额及触角柄节前侧黄色。雌性体黑色，头顶后缘、胸部密被黄色长毛。翅黑褐色，稍具紫色闪光。腹部第 1 节背板前缘被黄毛。

【习性】成虫访花，常在干燥的枯木或木材上蛀孔营巢。

【分布】国内分布于天津、北京、河北、山西、辽宁、陕西、甘肃、山东、河南、江苏、浙江、江西、安徽、四川、湖北、湖南、广东、广西、福建、贵州、云南、海南、西藏等；国外分布于东亚、俄罗斯、日本、朝鲜半岛等。

①成虫

## 土蜂科 Scoliidae

斑额土蜂 *Scolia vittifrons* Saussure & Sichel, 1864

【鉴别特征】体长 18.0~25.0 mm，体黑色，具光泽，被黑色毛。头额部具黄色斑。腹部具青紫色金属光泽，第 3 节背板具 1 对橙黄色斑。

【习性】常栖息于花丛中。

【分布】国内分布于天津、北京、黑龙江、辽宁、吉林、浙江、台湾等；国外分布于日本、朝鲜半岛、俄罗斯等。

①成虫

## 泥蜂科 Sphecidae

黄柄壁泥蜂 *Sceliphron madraspatanum* (Fabricius, 1781)

【鉴别特征】体长 10.0~18.0 mm，体黑色，具黄斑。前胸背板和后小盾片黄色。翅透明，浅褐色。前足和中足的股节端部、胫节全部和后足转节、股节基部、胫节端部、第 1 跗节中部黄色。腹柄大部分为黄色。

【习性】成虫访花，在石壁上筑长椭圆形的泥巢。

【分布】国内分布于天津、北京、河北、宁夏、山东、上海、四川、贵州、福建、广东、云南等；国外分布于日本、朝鲜半岛、印度、斯里兰卡、缅甸、印度尼西亚、欧洲等。

①成虫

## 胡蜂科 Vespidae
黑盾胡蜂 *Vespa bicolor* Fabricius, 1787

【鉴别特征】体长 15.0~25.0 mm，两触角窝之间隆起，除两复眼内缘凹陷及下侧为鲜黄色外，额部及颅顶部均为黑色。前胸背板中部呈圆形隆起，黑色，两肩角黄色，并覆盖较长的棕色毛。腹部黄色，背板边缘具棕色线环。雄性近似雌性，唇基端部无明显突起的 2 个齿。

【习性】常见于林间或田野，主要捕食小型昆虫及鳞翅目昆虫的幼虫，也取食植物的花蜜和成熟的果实。

【分布】国内分布于天津、北京、河北、陕西、浙江、四川、广东、广西、福建、云南、西藏等；国外分布于印度、越南等。

①成虫

## 陆马蜂 *Polistes rothneyi* Cameron, 1900

【鉴别特征】体长 20.0~23.0 mm，体黄色。头部黄色，头顶黑色。触角橘红色，柄节及鞭节基部 1/2 黑褐色。中胸背板黑色，中间及两侧各有 1 对一大一小的黄色纵带。足黄色，中足及后足的股节及胫节基部 2/3 黑色。腹部黄色，第 1、第 2 节基部黑色，第 2~4 节中央有黑色波浪状细横纹。

【习性】常在树枝上或房檐下筑莲蓬状的纸质巢。

【分布】天津、北京、河北、黑龙江、辽宁、山东、江苏、浙江、江西、安徽、重庆、四川、湖北、广东、广西、福建等。

①成虫、幼虫

## 角马蜂 *Polistes chinensis antennalis* Perkins, 1905

【鉴别特征】体长 12.0~15.0 mm，体黑色，具黄斑。两触角窝之间有弯曲黄色横带，两复眼内缘下侧各有 1 个黄斑。前胸背板与中胸背板连接处为黄斑。腹部第 1 节背板沿边缘及两侧黄色，第 2 节背板黑色，两侧各有 1 个黄斑。

【习性】捕食各种昆虫，也访花，常在树枝上或房檐下筑巢。

【分布】国内分布于天津、北京、河北、山西、内蒙古、吉林、甘肃、新疆、江苏、浙江、安徽、湖南、贵州、福建等；国外分布于法国、意大利、西班牙、土耳其、俄罗斯、新西兰等。

①成虫

## 约马蜂 *Polistes jokahamae* Radoszkowski, 1887

①卵、幼虫、成虫

【鉴别特征】体长 20.0~25.0 mm，体橙黄色，间有黑色。前胸背板肩部及下部略呈黑色。中胸背板黑色，中部具 2 条橙色纵带，两侧有 2 个黄色斑。小盾片橙色。翅棕色。腹部第 1 节基部黑色，第 2 节背面中部有 2 个横带状黄斑。

【习性】常在树枝上或房檐下筑莲蓬状的纸质巢。

【分布】国内分布于天津、北京、河北、甘肃、河南、江西、浙江、四川、福建、广东、广西等；国外分布于日本等。

## 变侧异腹胡蜂 *Parapolybia varia* (Fabricius, 1787)

①成虫

【鉴别特征】体长 12.0~17.0 mm，体黄褐色。两触角窝之间隆起呈黄色。中胸具 2 个黄色纵斑。翅浅棕色，前翅前缘色略深。前足基节黄色，转节棕色，其余黄色。腹部背面两侧具黄色斑，第 1 节长柄状，近端部隆起。

【习性】常在低矮灌丛间筑巢，捕食多种鳞翅目幼虫。

【分布】国内分布于天津、北京、山东、江苏、湖北、重庆、四川、福建、贵州、广东、广西、云南、海南、台湾等；国外分布于日本、朝鲜半岛、南亚、东南亚等。

## 姬蜂科 Ichneumonidae
### 舞毒蛾黑瘤姬蜂 *Coccygomimus disparis* (Viereck, 1911)

【鉴别特征】体长 9.0~18.0 mm，体黑色。后头脊细而完全，额凹陷较深、平滑、复眼内缘近触角处稍凹陷，触角梗节端部赤褐色。翅基片黄色；翅脉及翅痣黑褐色，翅痣两端角黄色。前、中足股节、胫节及跗节、后足股节赤黄色。腹部扁平，各节背板被有刻点，但后缘光滑。产卵管褐色，鞘黑色。

①成虫

【习性】常栖息于棉田、稻田、菜园、柑橘园等。

【分布】国内分布于天津、北京、河北、山西、内蒙古、黑龙江、吉林、辽宁、山东、河南、陕西、宁夏、甘肃、江苏、浙江、安徽、江西、湖北、湖南、四川、福建、贵州、云南、西藏等；国外分布于日本、朝鲜半岛等。

## 蜾蠃科 Eumenidae
### 镶黄蜾蠃 *Oreumenes decoratus* (Smith, 1852)

【鉴别特征】体长 20.0~25.0 mm，雄性唇基黄色。前胸背板两侧各有 1 个黑色斑。并胸腹节有 1 条深棕色带。各足基节除端部呈暗棕色外，全呈黑色。雌性额大部黑色，触角间黄色，复眼间有一条黄色条纹。前胸背板橙色并有三角形黑色区。并胸腹节大部分黑色，两边有橙色斑。腹部第 1

①成虫

节柄状，从基部 1/3 处加粗，黑色，背板边缘有黄色斑；第 2 节最大，端部 1/3 处有橙色宽带；第 6 节背、腹板近三角形，黑色。

【习性】寄主为鳞翅目幼虫。

【分布】国内分布于天津、北京、河北、山西、吉林、辽宁、山东、江苏、浙江、上海、四川、广西、福建等；国外分布于日本、朝鲜半岛、蒙古、印度等。

黄喙螺赢 *Rhynchium quinquecinctum* (Fabricius, 1787)

【鉴别特征】体长 13.0~18.0 mm，头近圆形，颅顶具 1 个倒铁锚形黑斑。前胸背板黄棕色或棕色，中胸背板为黑色，中央两侧具棕色细纹。小盾片基部黑色，其余棕红色。翅棕色，近基部处色暗。前足大部呈棕红色，中、后足大部呈黑褐色。腹部第 1 背板基部黑色，端部黄色或橙黄色，第 2~6 节背板亦然。雄性体型略小于雌性，唇基黄色。

【习性】寄主为鳞翅目幼虫。

【分布】国内分布于天津、北京、河北、内蒙古、黑龙江、辽宁、河南、江苏、浙江、江西、湖北、湖南、福建、广东、云南、台湾等；国外分布于日本、朝鲜半岛、俄罗斯等。

①雄性　②雌性

# 参考文献 References

[1] 彩万志. 拉汉英昆虫学词典（上、下卷）[M]. 郑州：河南科学技术出版社，2022.

[2] 彩万志，庞雄飞，花保祯，等. 普通昆虫学 [M]. 2 版. 北京：中国农业大学出版社，2011.

[3] 方红. 中国异蚤蝇区系分类研究（双翅目：蚤蝇科）[D]. 沈阳：沈阳农业大学，2008.

[4] 何祝清. 中国针蟋亚科和蛉蟋亚科系统分类研究（直翅目，蟋蟀科）[D]. 上海：华东师范大学，2010.

[5] 蒋卓衡. 中国长喙天蛾属及斜纹天蛾属团的分类学研究 [D]. 上海：上海师范大学，2019.

[6] 李后魂，郝淑莲，胡冰冰，等. 八仙山森林昆虫 [M]. 北京：科学出版社，2020.

[7] 李后魂，胡冰冰，梁之聘，等. 八仙山蝴蝶 [M]. 北京：科学出版社，2009.

[8] 李莎. 中国星花金龟属、带花金龟族、弯腿金龟族的分类学研究（鞘翅目：金龟科：花金龟亚科）[D]. 北京：中国科学院大学，2016.

[9] 刘广瑞，章有为，王瑞. 中国北方常见金龟子彩色图鉴 [M]. 北京：中国林业出版社，1997.

[10] 马丽滨. 中国蟋蟀科系统学研究（直翅目：蟋蟀总科）[D]. 杨凌：西北农林科技大学，2011.

[11] 萧采瑜，等. 中国蝽类昆虫鉴定手册（半翅目异翅亚目）：第一册 [M]. 北京：科学出版社，1977.

[12] 王瀚强. 中国蚤蝼亚科系统分类研究（直翅目：蝼斯科）[D]. 上海：华东师范大学，2015.

[13] 王剑峰．中国草螽科 Conocephalidae 系统学研究（直翅目：螽斯总科）[D]. 保定：河北大学，2005.

[14] 王俊才，王新华．中国北方摇蚊幼虫 [M]. 北京：中国言实出版社，2011.

[15] 王旭．中国蝉族系统分类研究（半翅目：蝉科）[D]. 杨凌：西北农林科技大学，2014.

[16] 吴超．螳螂的自然史 [M]. 福州：海峡书局，2021.

[17] 武春生，徐堉峰．中国蝴蝶图鉴 [M]. 福州：海峡书局，2017.

[18] 杨定．河北动物志（双翅目）[M]. 北京：中国农业科学技术出版社，2009.

[19] 虞国跃，王合，冯术快．王家园昆虫：一个北京乡村的1062种昆虫图集 [M]. 北京：科学出版社，2016.

[20] 虞国跃．我的家园——昆虫图记 [M]. 北京：电子工业出版社，2017.

[21] 任国栋，杨秀娟．中国土壤拟步甲志：第一卷 土甲类 [M]. 北京：高等教育出版社，2006.

[22] 翟卿．中国眼蝶亚科分类及系统发育研究（鳞翅目：蛱蝶科）[D]. 杨凌：西北农林科技大学，2010.

[23] 张浩淼．中国蜻蜓大图鉴 [M]. 重庆：重庆大学出版社，2019.

[24] 张巍巍，李元胜．中国昆虫生态大图鉴 [M]. 重庆：重庆大学出版社，2011.

[25] 张巍巍．昆虫家谱 [M]. 重庆：重庆大学出版社，2014.

[26] 张巍巍．常见昆虫野外识别手册 [M]. 重庆：重庆大学出版社，2007.

[27] 朱弘复，王林瑶，方承莱．蛾类幼虫图册（一）[M]. 北京：科学出版社，1979.

[28] 朱笑愚，吴超，袁勤．中国螳螂 [M]. 北京：西苑出版社，2012.

[29] 邸济民．河北昆虫生态图鉴 [M]. 北京：科学出版社，2021.

[30] WAN X, YANG X K, WANG X L. Study on the genus Dendroleon from China (Neuroptera, Myrmrleontidae) [J]. Acta Zootaxonomica Sinica, 2004, 29(3): 497-508.

好奇心书系

# 图鉴系列 ......

# 野外识别手册系列 ......

# 中国植物园图鉴系列 ......

# 自然观察手册系列 ......

# 好奇心单本 ......

好奇心书系
·野外识别手册·

# 野外识别手册丛书

## 好 奇 心 书 系

YEWAI SHIBIE SHOUCE CONGSHU

百名生物学家以十余年之功，倾力打造出的野外观察实战工具书，帮助你简明、高效地识别大自然中的各类常见物种。问世以来在各种平台霸榜，已成为自然爱好者所依赖的经典系列口袋书。

**好奇心书系·野外识别手册丛书**

常见昆虫野外识别手册
常见鸟类野外识别手册（第2版）
常见植物野外识别手册
常见蝴蝶野外识别手册（第2版）
常见蘑菇野外识别手册
常见蜘蛛野外识别手册（第2版）
常见南方野花野外识别手册
常见天牛野外识别手册
常见蜗牛野外识别手册

常见海滨动物野外识别手册
常见爬行动物野外识别手册
常见蜻蜓野外识别手册
常见螽斯蟋蟀野外识别手册
常见两栖动物野外识别手册
常见椿象野外识别手册
常见海贝野外识别手册
常见螳螂野外识别手册